# YOU'RE THE BOSS

Become the Manager You Want to Be (and Others Need)

# 當上主管，難道只能被討厭？

執行長教練教你兼顧績效與人氣的帶人技術

Sabina Nawaz

莎賓娜・納瓦茲 著　蕭美惠 譯

獻給馬修。

這本書和我這個人與我所做的事，都是因為你才有可能。

# 目次

## 第二部　成為自己的老闆



## 第三部　避開權力鴻溝



## 第四部　遠離隱藏的壓力陷阱

## 第五部　維持上升軌跡

# 國際讚譽

「一本實用指南，有助你避開太多管理者常犯的錯誤。莎賓娜．納瓦茲提供了睿智的建議，教你如何激發他人──以及你自己的最佳表現。」

──**亞當．格蘭特**（Adam Grant）／《逆思維》與《隱性潛能》作者

「我們絕不會讓沒有受過飛行訓練的人開飛機，也不會叫路人來動精密手術。那為什麼我們會將『管理』──這項世上最關鍵的工作之一──交給某個人，然後叫他自己摸索該怎麼做？結果可想而知，我們得到的是一群壓力山大、手忙腳亂的人，困惑於為何自己有滿腔熱忱與努力，卻無法轉化為成果。莎賓娜．納瓦茲這本精彩的新書幫助管理者戒除有害的行為模式，發揮自己的超能力。我強烈推薦給所有在職場上需要與人共事的人。」

──**莉塔．麥奎斯**（Rita McGrath）／哥倫比亞大學商學院教授、Thinkers50全球前十名

「這是一本指引領導者穿越權威壓力與權力陷阱的強大指南。憑藉堅定的誠實態度，以及多年來在管理與高階主管教練領域累積的深厚洞察，莎賓娜幫助讀者看見那些可能阻礙自身成長的盲點。本書提供了實用且經實戰驗證的策略，使管理者不僅能夠成功，更能激發團隊的卓越潛能。」

——**馬歇爾・葛史密斯**（Marshall Goldsmith）／Thinkers50全球第一高階主管教練、《放手去活》、《練習改變》與《UP學》作者

「在這本令人振奮的新作中，莎賓娜・納瓦茲打破傳統領導思維，教我們如何讓風格與初衷一致。無論你是剛踏入新的重要職位，或是想精進自己的領導能力，這本書都是你邁向卓越、擴大影響與貢獻的最佳夥伴。」

——**小史蒂芬・柯維**（Stephen M. R. Covey）／《高效信任力》作者

「莎賓娜這本引人入勝又充滿洞見的書，讓我學會了自我反思，並掌握那唯一能永遠掌控的槓桿——自己。無論是預測壓力點、認知權力鴻溝，還是為壓力重重的會議做準備，

依循她的建議，我知道我能夠以身作則，保持冷靜，並幫助下屬們以更優雅、更少壓力的方式，應對日益激烈的競爭環境。」

——**潘正磊**（Julia Liuson）／微軟全球開發平台事業部總裁

「在本書中，莎賓娜精準點出偉大管理者的真正定義：努力不懈地建立與團隊之間的信任。在我創辦的偏鄉診所先後遭遇兩次颶風與一次大火摧毀後，我深知，韌性不只是要克服外在挑戰，更要靠團隊間強大的關係支撐。要成為更好的領導者，值得投入與健康或商業目標同等的努力。莎賓娜的洞見正是這項真理的體現，她的這本書將幫助管理者建立這種韌性，並打造高信任團隊，能夠在壓力中成長茁壯。」

——**蕾吉娜・班傑明**（Regina Benjamin）／美國第十八任醫務總監、Bayou Clinic 創辦人暨執行長

「改變人生的書。」

——**瑪利亞・克拉維**（Maria Klawe）／Math for America 主席、美國科技界五十大女性

「壓力不僅會腐化領導者，還會讓他們變得無能，這會導致既殘酷又無效的行為產生。沒有領導者會立志要成為『殘酷又無效』的人，但最終卻有太多領導者變成那樣的人。你要怎麼確保自己不會走上這條路？光是『品格好』還不夠。納瓦茲提供了實用策略，幫助你不僅能做個好人，更能成為卓越的領導者——不被壓力腐化，也不被職位帶來的權力蒙蔽雙眼。」

——**金・史考特**（Kim Scott）／《徹底坦率》作者

「莎賓娜・納瓦茲精闢地闡述了為何對管理者而言公事攸關私事，且誠信比真實做自己更重要。你將學會辨識自己在溝通上的斷層線、情緒觸發點，以及作為管理者未被滿足的渴望。對所有領導者而言，這是一本必讀好書！」

——**莉茲・佛斯蓮**（Liz Fosslien）、**莫莉・威斯特・杜菲**（Mollie West Duffy）／《我工作，我沒有不開心》共同作者

「每位領導者最終都會面臨一些關鍵時刻——那些在極端壓力下所做出的決策，將決定

你職業生涯的成敗。莎賓娜的工具會幫助你鍛鍊出高階領導力，讓你能有意識地領導，而非只是做出反應。本書將協助你自信地度過高風險情境，將挑戰轉化為成長機會，並在緊要關頭激勵你的團隊。」

——**羅伯特・史蒂文斯**（Robert J. Stevens）／洛克希德馬丁公司前董事長、總裁暨執行長

「奠基於自己曾任管理者、高階主管與高層教練的成功職涯，莎賓娜・納瓦茲解構了高效管理者的微習慣。本書將這些來之不易的洞察分享給你，許多故事既令人會心一笑，也讓人汗顏反思。如果你即將升任主管，或是已經當了多年老闆，並希望避免那些原本可以避免的錯誤，這本書必讀無疑。」

——**艾美・艾德蒙森**（Amy C. Edmondson）／哈佛商學院Novartis領導學教授、《正確犯錯》作者

「本書就像你的職涯專屬私人教練。莎賓娜的實用工具，既能引導深入的自我探索，也能讓你真正做出持久的改變。」

——**吉姆・蓋艾特**（Jim Guyette）／勞斯萊斯前北美總裁暨執行長

「莎賓娜擁有特殊的能力，可以將抽象的領導力挑戰與理論轉化為實際說明及微觀建議。強烈建議經理人和領導者閱讀這本書，裡面充滿了可行性高的建議、行為改變技巧與小祕訣。」

——**艾米爾・歐拉德**（Amir Orad）／加密貨幣交易所Kraken公司執行長

「每一位管理者都應該為了自己的團隊而努力成為更好的主管，如此團隊才會成功並成長茁壯。這本書就是針對那些認為自己不需要看管理書籍的管理者，其實你們都需要。莎賓娜擷取了所有管理類書籍的精華，濃縮成一本不可或缺、充滿深刻見解、足以改變全局的手冊。本書裡的實證和經驗都是經過數十年指導全球頂尖領導人的磨練，無論你正處於職涯的哪個階段，它都會讓你變得更優秀，也會讓你感到驚豔。」

——**凱莉・喬・麥克阿瑟**（Kelly Jo MacArthur）／亞馬遜前副總裁暨聯合總法律顧問

「納瓦茲的寫作風格充滿幽默、關懷及真誠，讓這本書讀起來非常舒適，完全不是那種無聊又充滿行話的經營管理訓練課程大綱。每一頁都充滿了同理心，認真的讀者並不會覺得自己被說教，或是被當成蠢蛋、失敗者來對待。讀了這本書，我們就會發現納瓦茲也經歷過這些！她完全了解執行長或員工在工作上束手無策時所感受到的憤怒、困惑、激動及沮喪交織的情緒。她為我們證實了這些是可以克服的，只要花時間重新評估並運用她那些具有驚人奇效的技巧。」

——**碧莎・威廉斯**（Bisa Williams）／前美國大使、耶魯傑克森國際事務學院資深研究員

「和大多數人一樣，我很忙碌，我只讀能為我帶來價值的書，而這本書輕鬆通過了這個考驗。它精準聚焦於關鍵的管理難處，並提供豐富的實用工具及解決方案。當然，我對此一點也不驚訝。身為執行長，我曾聘請莎賓娜為我的公司主持高階主管策略研討會，而我直至今日仍然遵循著她的高階管理方式。」

——**羅德里戈・科斯達**（Rodrigo Costa）／葡萄牙REN公司董事長暨執行長

「本書不同凡響。這本書分享了我從莎賓娜身上獲得的智慧——當時我擔任執行長，公司準備公開上市，正走在壓力爆表的道路上，亟需教練的引導。她數十年來觀察與指引領導者們所累積的見解，很有可能正是你此刻最需要的。」

——**亨利・艾布瑞克特**（Henry Albrecht）／軟體公司 Limeade 創辦人暨前執行長、安永（EY）年度企業家獎得主

「莎賓娜・納瓦茲為領導者提供了一份強大的指南，使他們能夠解鎖自身潛能，以跨越現代的事業難關。我在執行長生涯早期曾經和莎賓娜合作過，她的指引幫助我克服了許多挑戰。這本書充滿了真實案例、可行性高的建議，還帶有一絲幽默感。無論你是新任領導者，或者希望精進自己的領導方式，莎賓娜都為你提供了一套已證實有效的技巧，讓你由內而外地領導，發揮影響力，打造卓越的企業文化。」

——**巴拉克・埃拉姆**（Barak Eilam）／以色列 NICE 公司執行長

「莎賓娜・納瓦茲絕對是真材實料。歷經了數十年理解及指導高階主管，其中包含最高層的領袖，她寫下了許多深刻的真理，揭示如何在領導之路往上爬，以及其中的奧妙技巧。我真希望在我的營運職涯時期就能有這本書，因為它十分精準地描繪了我的經驗。在你充滿野心地向上攀登時，閱讀這本書可以讓你了解自己、了解同儕、了解員工。這是她送給我們所有人的一份大禮！」

——**布雷克・艾文**（Blake Irving）／GoDaddy董事暨前執行長

# 前言

你是主管。

你晉升到了管理階層（或者至少正在平步青雲），你的聰明才智推動你達到現在的位置，你見多識廣。但是，那些你**不知道**的事呢？

身為全球成功老闆們的高階主管教練，我花了二十多年的時間，逆向分析是什麼讓一個人成為高效管理者，又是什麼可能讓他無意間跌落神壇。追根究柢，關鍵在於一個人是否願意發掘隱藏的未知之事，一旦發掘出來，就能創造世界級的成功。客戶們尋求我的服務，是因為他們不只想當個有權力的主管，還要引導團隊實現卓越成果，並激勵大家達成集體傑出成就。這不正是我們身為主管所想要達成的嗎？

本書是奠基於我指導過數千名經理人與高階主管的經驗，同時分享我自己在微軟擔任主管的洞察，因為我對於「是什麼讓一個人成為有影響力的管理者」的探究，最初就是從自己開始的。

你瞧，我曾是個差勁的主管，但我一開始並不是那樣的。

工程師出身的我，大學畢業後立即被微軟聘僱，我在三年內升上第一份管理職，當上測試經理。上任後沒多久，我的幾名團隊成員說他們覺得我是「他們所遇過最好的主管」。是什麼讓他們有那樣的感受？答案幾乎總是「因為你在乎」。

我確實在乎。我傾注全力指導團隊做到最好，真心關懷他們的個人福祉。我公開支持他們的企圖心，鼓勵他們。在科技業的世界裡，比起我們正在做的測試工作，程式設計通常被認為更有魅力，但是，團隊中有好幾位測試員在嘗試寫程式後，又回頭與我共事，他們說原因是我會投資他們的職涯，以及我們一同營造的團隊合作能量。別誤會了，我對人也很嚴厲，我的上司曾形容我是「戴著天鵝絨手套的手指虎」。

在微軟待了將近九年以後，我獲得八週的特別休假，我在那段期間有所頓悟，而這改變了我的專業生涯軌道。我意識到，儘管當時我很有可能成為微軟唯一的褐膚女性企業副總裁，但**我並不想要**。這促使我做出了非傳統的轉變，開始負責督導微軟的高階主管、領導力，以及主管培訓與接班計畫，也引領我踏上成為獨立高階主管教練之路。我將我的

「史上最佳主管」技能帶到新部門，協助改造一支過勞團隊成為蓬勃發展的團隊。我專注傾聽每個團隊成員在何種情況下最能投入，然後與他們齊力合作，重新安排他們的職責，使他們在工作時感到充實，而不是被榨乾，最後也帶來了驚人成果。我們在不增加人力或預算之下，將生產力提升了四〇〇%。

然後，一切都改變了。

在我的第一個兒子快要出生前，我的主管宣布她要離開公司。我想要等我休完產假回來上班後，再接任她的職位，而她回答：「不，不，那可不行！你早已內定要接任我的工作，就在**明天**。」一夜之間，我從負責主管培訓的項目，變成統領整家公司近九萬名員工的專業培訓。

我原定休完產假、正式回到工作崗位的那天早晨，助理打電話來。「你在哪裡？半小時之後要跟史蒂夫開會。」我對那場會議一無所知，也不知道內容是什麼，只知道那是史蒂夫．鮑默（Steve Ballmer），當時的微軟執行長。我匆忙地抹了點口紅就衝出門，一邊請助理幫我快速翻閱所有通訊紀錄，好讓我在走進會議室前了解狀況。這段經歷應該能讓你稍微了解我所面對的步調和要求，而且是在家中有個新生兒、極度疲憊不堪的狀態下。

我沒有察覺到，自己已經從關懷下屬、支持員工的主管，淪為刻薄好鬥的主管。面對緊迫盯人的截止期限，我沒有時間詳細解釋任何事。我沒有耐性培養人們的職涯發展；我心想，他們都是成人了，他們會自己解決的。我也不再關心我身為主管的行為會如何影響團隊及其福祉。這是公事，無關私事；至少我是這麼告訴自己的。

因為急於追求效率，我失去了與人們的連結。人們來找我說話時，我會將手指放在鍵盤上，暗示他們占用了我的寶貴時間。某天晚上開車回家時，我決定將時間用到極致，打電話給我的一名直屬部下，要她進行績效考核報告。我在開車時做這件事令她極為震驚，因為這表示她不夠重要，所以我才不想跟她坐下來一對一談話。還有一次，我的助理安瑪麗進來我的辦公室說：「假如你想拒絕，我完全理解，不過其他部門來問我對專案經理的工作有沒有興趣。我知道我才來這裡三個月，但我可以去面試那份工作嗎？」我立刻回答：「不行。」我沒問「這個工作機會有時程表嗎？」或是「它對你有多重要？」，只說了一句粗魯的「不行」。

我亦沒搞懂「管理」與「微管理」之間的界線。舉例來說，我們舉辦了一場為期三天的高階活動，比爾・蓋茲（Bill Gates）和史蒂夫・鮑默親自參與，其他與會者則是在組織結構圖中比他們低三層管理階級的高潛力員工。史蒂夫擔心其中一位與會者的名字裡可能漏了變音符號，而我沒有選擇信任我的副手珍妮絲——她向來對細節一絲不苟，已徹底查核過名單——我直接無視她的保證，要求她當場重新檢查全部五十位與會者的姓名拼字。而當我發現送給每位與會者的珍貴紀念筆中有一支（就那麼一支）寫不出字時，我勃然大怒，要求珍妮絲與另一名團隊成員，在之後每場活動開始前的清晨就提前測試那五十支筆。我完全沒意識到，姓名拼字與紀念筆的故事宛如烈焰火球一般，從我的部門翻騰出去並迅速流傳，每經轉述一次，便噴濺出更多火花。我已然成為地獄來的主管。

我渾然不知這件事，直到同事喬來辦公室找我。在一般情況下，我會樂意看到喬，因為他總是用有趣的方式刺激我對主管培訓的想法。但是，當他走進來時，我想到的只有：**沒有時間……沒有時間！**

喬坐在我對面，以他一貫圓融的方式，語氣溫和地說：「我想你或許沒有注意到自己的改變，以及這對團隊造成了什麼影響。」

我心想這**太荒謬**了，老實說，我頗為惱火。我長期以來一直是個優秀的主管，要是哪裡做錯了，我會知道。好吧，沒錯，或許我不像之前那麼溫暖親切，但我現在身居要職，這個角色需要我證明自己的能力。

「你害安瑪麗他們因為你說的話而哭了。」

聽到這句話，我立刻將手從鍵盤上移開，全神貫注聽他說話。我對安瑪麗說的話信以為真，我以為「假如我拒絕，她完全理解」，卻忽略了我不僅是個掌權的主管，也應該是那個協助團隊發展技能與需求的人。當我聽到團隊因為我而感到被漠視、被批評、被攻擊，甚至害怕搞砸事情時，感覺就像一桶冰水潑在我臉上般清醒刺骨。

那是我的轉捩點。

除了開始修正我身為主管的行為舉止，我也運用自己的工程師專業去拆解及重組何謂真正成功的權威人士。我怎麼會偏離軌道那麼遠？是什麼造就一位主管成為超級明星，而另一人卻墜落燒毀？立意良善的主管怎麼會使他的團隊變得悲慘不已？更糟的是，這一切是怎麼在他們**毫無察覺的情況下**發生的？我開始深入探索，想了解權力如何導致我們看不見自身失誤，而高階職位所帶來的壓力又是如何影響我們自我調節行為的能力。

我得到的結論是，世界上很少有「壞」主管，更多的是本意良善的好人，在不知不覺間踰越了良好意圖與惡劣行為之間的細線，而且這類人無所不在（包括鏡中的自己）。我逐漸明白了一個簡單的真相，最終成為我擔任高階主管教練的人生使命基礎：隨著我們的職責不斷擴增，我們必須有意識地駕馭壓力與權力交織而加劇的綜合作用——否則，**壓力會腐蝕我們的行為，而權力會致使我們對那些行為的影響視而不見。**

最頂尖的領導者來尋求我的指導，是因為他們知道，成為頂尖的關鍵在於不斷追求更好，並發掘自己所不知道的。在我們的合作過程中，我的客戶學會了駕馭壓力與權力所帶來的風險，但不必全然推翻他們的性格或培養他們原本並未具有的特質。本書便是這些洞察與策略的結晶，它們曾幫助過我的客戶——現在也將幫助你——升級自己的技能，以因應更高層級的挑戰。

在本書中，我將分享我所發掘的資料分析與結果，而它們已經改變了數千名管理者的職涯。本書的骨幹則是我的研究、指導與數千次面談所蒐羅到的一萬兩千多頁資料；這些面談是所謂的「三六〇度評量」（360 review），我訪談了客戶身邊的十二至十五名同事，以蒐集詳細的回饋。我透過回饋來評估他們管理風格中浮現的主題，包括正向回饋與需要糾正的問題，好讓我的客戶可以看見他們身為主管的原始真相。他們對於結果通常相當意外，有些人甚至很震驚。如同你將在書中看到的故事，許多人發現，他們認為對他們的成功至關重要的行為，事實上反而阻礙了他們的努力。有了這些原始真相，我們便能合作運用策略，以成功因應他們職位所帶來的權力與壓力，好讓他們可以促成卓越與圓滿，而不是衝突與挫折。

奠基於二十多年的經驗，透過三六〇度評量來發掘最常見的主題，我在本書中建立了一套系統，明確指出我們於何時及何處最有可能脫軌，並提供一系列經過數千位高階主管在實體與虛擬會議室中驗證過的策略。

這套系統將讓你：

- 了解有關權力的關鍵眞相與常見誤解
- 找出阻撓效率的溝通失效
- 避開壓力失控所造成的常見慘重錯誤
- 運用實際、經過試驗的框架，以創造更高的影響力與效率
- 預防並化解人際互動中的摩擦，協助團隊更有凝聚力地因應衝突

第一部將揭露在我們升職後，職場局勢會以出人意料且往往不易察覺的方式發生變化，並說明在這個新層級中成功發展所需掌握的細微調整。第二部則破解了關於當上主管的一些普遍迷思，若不正視這些迷思，往往會導致危及職涯的嚴重錯誤。第三部深入探討我所謂的權力鴻溝（Power Gaps）——可能出現在你與下屬之間的裂隙，讓你不自覺地看不見你的行為所帶來的影響。第四部則要辨識我所說的壓力陷阱，指的是我們在壓力失控時，可能落入自我毀滅的隱形死角。但是，一切並沒有完全黯淡絕望！你將獲得可以立即改變思維的資訊，清楚地看見自己需要具備哪些能力，才能以更高的效能與影響力來領導他人。在整本書中，你將找到一系列診斷工具，協助你評估自己目前的狀態，並獲得具體方法來達成理想目標。

無論你是新手主管，或者位居高階管理層多年，本書都能帶給你豐富的戰術與策略，使你在職涯每個階段中成功致勝。藉由發掘與正面迎擊所有未知挑戰，你將擁有清晰視野與信心，能在每一次互動中，以世界級主管的姿態登場。

## 第一部

# 高層的意外觀點

# 第1章 新職階，新規則

我一抵達美國，做的第一件事就是嘔吐。

我那時二十歲，以轉學生的身分到史密斯學院就讀二年級。在印度加爾各答現代女子高中，作為七名拿到獎學金的幸運學生之一，我絕對不會讓從未搭過飛機這種事擊敗我。況且，我喜愛冒險。

在機場與家人含淚告別後，我飛往倫敦停留一天。我住在表親家，早上時，表親為我做了一頓可口豐盛的早餐，還送給我一些特別的巧克力，對我來說無比珍貴，我從未見識過這樣的豐盛款待。巧克力是如此美味，我在倫敦飛往波士頓的航班上大吃特吃，配著大約一公升的甜橙汁，這也是我從沒喝過的。就在機長廣播說「歡迎來到洛根機場」的同時，我把剛才的暴飲暴食全都吐進了嘔吐袋裡。

在波士頓的機場，我環顧四周，想要找點水漱口。我問了一個人哪裡可以找到水，他指著一台噴泉式飲水機。我完全不知道這個懸掛在牆上的不鏽鋼裝置是什麼玩意兒。在家鄉，我們從井裡打水，煮沸，倒入陶製容器，上頭罩著紗網以隔絕蒼蠅。

當日稍晚，我走路去寄信，那是我在飛機上用雞尾酒餐巾寫給家人的。可是我怎麼也找不到郵筒。我以為的郵筒原來是消防栓；在印度，郵筒是紅色的。為什麼這個郵筒如此低矮？投信口在哪裡？這是我人在異鄉經歷的開端。我花了大半個學期才熟悉這些陌生的美式風格。

我分享這個故事作為比喻，說明踏入新環境可能有多麼令人不適應。從他人對你的要求和注目的程度，到你必須做出的高影響決策的數量，再到你的團隊在你身邊的表現，這一切在你升上大舞台的那一刻起全都變了——這可不是稍微令人不安而已。

以麥可為例。我剛認識麥可時，他是一家運動經紀公司的上升之星，口若懸河，自信滿滿，魅力無窮。在該公司四十年的歷史中，他是最年輕便晉升為資深經紀人的人之一。他來參加我所舉辦的兩日工作坊，滔滔不絕與大家分享他對於當主管的藍圖幻想。他有一大堆點子，對他的現任主管亦滿腹牢騷：「假如是我在管事，情況一定會好很多……那會有多難？為什麼我的主管沒有設定正確方向？他難道看不見我們欠缺什麼嗎？為什麼他不能像我一樣思考讓我們成為業界龍頭的方法？」

我再次聽到麥可的消息是在一年後，也是他被任命為美東辦公室執行總監的一星期後。他一如以往地機智，寄來的電子郵件主旨是：「搞定了。現在呢？」

在我們的第一次教練課程中，麥可卻反常地謙遜，坦承他驚訝地發現前主管一直在處理他以往從來不必接觸的一連串問題。現在，落到他肩上的責任，比他想像得更為繁重且緊繃。他準備好要監督預算，訓誡績效落後的員工，並做出艱難的聘雇決定。但他沒有料到的是，分支辦公室的負責人立即開始爭奪資源，也沒想到他從未發覺的政治裂痕會迅速擴大，導致每個人搶著尋求他的支持。每天，他必須做出大大小小的艱難決策，可能讓他的公司冉冉上升，或者害他們失去重要客戶。需要他的意見才能開始行動的會議與人員數量之多，大大震撼了他。

「但最詭異的是，」麥可說，「忽然間，跟我共事多年的人對待我的方式改變了。有個跟我一起一路升上來的同事叫我『老闆』，聽起來像是在開玩笑，但我知道他其實不是開玩笑。感覺好像沒有人真誠待我。我的笑話甚至莫名變得好笑了，你懂我的意思嗎？」

我向麥克保證我完全懂他的意思。或許你也懂？

我與來自各種組織的高層主管合作過，他們也發現自己陷入相同處境。權力可能與我們的預期大不相同。在短暫的慶祝過後，如同許多其他主管，你會發現一股莫名的空虛襲上心頭，因為你了解到身居高位並非全是美好夢幻的事。隨著權力結構的改變，風險也跟著改變。一夕之間，你從房間裡的眾多聲音之一，變成代表權威的聲音。當你必須做出最終決定，決策也變得更具分量。如同麥可的經驗，你的團隊可能對你敬而遠之，讓你感覺高處不勝寒，而不是獲得認同。往昔的可靠夥伴如今對你冷嘲熱諷或排擠你，表面上跟你擊拳問好、稱讚你，實則隱藏他們的消極怨恨與不滿。

我的許多客戶都會緬懷過去那些解決問題的日子，那意味著取得具體成果，而不是裝滿他人拭淚衛生紙的垃圾桶，或是塞滿阻礙與投訴的收件匣。即便你早已慶祝過升職，也可能在深夜輾轉難眠，猜想著大家何時會發現你其實不知道自己在做什麼，或是懷疑自己究竟想不想要這份權威帶來的重責大任。

當主管聽起來令人興奮，在許多方面確實如此。更多的自主權、響亮的職稱、更高的薪水與地位、閃亮亮的福利——這些都是令人期待的部分！你辛勤工作，理應收獲這些報酬。你擺脫了先前職位的一些乏味差事，全心投入有趣挑戰。你終於獲得自主權，可以實現你的願景並創造真正的影響。在你晉升到權力角色後，你的一切努力即將開花結果，那可能——也應該——感覺像是一項大勝利。

然而在同一時間，頭銜只是個形式上的加冕。如同麥可的電郵所說的，問題在於當你登上那個位置之後，你該怎麼做？

人們很容易以為，身為高效能專業人士，便會自然而然成為高效能主管。然而，高階主管教練馬歇爾．葛史密斯（Marshall Goldsmith）在他的著作《UP學：所有經理人相見恨晚的一本書》（*What Got You Here Won't Get You There*）中揭示，升上高層所需的技能，與保持在高層的技能並不相同。你所做與沒有做的、你說話的內容與方式、你的思維模式，以及你如何面對權力與壓力的增加——這一切都需要升級。想要在權威角色上成功致勝，需要全面校正自己以適應那個更高的層次。首先要清晰看出，當你晉升為主管角色後，哪些事情有所改變，以及你又該如何跟著轉變。

## 重新定義成功

你如何定義成功？

對於企圖心強、想要登上天梯的大多數人而言，成功意味著創造卓越成就，並因此贏得關注與報酬。理想上，我們當然想要合作，並成為讓同儕最想要追隨的人（成功主管的經典指標），但實際上，我們的焦點很自然且合理地放在自己的工作、職涯道路與晉升目標上。成功代表著我們在個人職涯中鞭策自己前進。當我們互相競爭、想要成為贏家並獲得晉升時，那種追求脫穎而出的動力並不自私，而是可以理解的。

然而，身為主管的成功則全然不同。我常對我的客戶說，這一切不再只關乎你，親愛的。當你成為一個團隊的主管，你的成功是來自於**他們**的成功。你的目標不再是鍛鍊你的才華，而是設法讓他們感覺自己傑出。在過去，展現你的貢獻或許讓你達到現在的職位，但現在你需要重新定義該由誰來展示貢獻，以及什麼才是「貢獻」。重新校正以聚焦於驅動你的團隊成功，是從傑出員工蛻變為傑出主管的關鍵區別。

以前，你的使命是創造工作成果，但現在你的使命是為別人搭建與維繫空間，以利他們發揮最佳表現。我所謂的「空間」（container）是指更大的目標、渴望的成果、不可妥協的底線，以及充分的心理安全感。身為幕後那股強大的推動力量，你必須加速與啟動別人的工作。舉例來說，在成為主管之前，你可能需要製作客戶簡報檔。如今，你的工作是為團隊提供明確的目標與規範，好讓他們能夠親自動手完成符合目標的簡報。這便是所謂的策略性思維，代表能夠後退一步以看見全局，推動整體任務與團隊朝向更遠大、更渴望的成果前進。不再像以前那樣親力親為處理每項細節與問題，而是授權團隊掌控這些細節與問題。你的職責不再是單打獨鬥或全神貫注地往上爬，而是要設定遠大目標，讓你的團隊跟你一同提升。

分享光芒對你和你的團隊都有益處。哈佛商學院的鄒媛（Yuan Zou）和伊森・魯恩（Ethan Rouen）所進行的大規模研究顯示，那些善於提拔他人的主管，不僅擁有更高的員工留任率，而且升任執行長的可能性是其他人的兩倍。話雖如此，從明星員工變身為教練並非易事，因為我們會本能地傾向保障自身地位，以避免自己在公司裡陣亡。許多人認為這是一場零和遊戲：如果他們發光發熱，我便會因此黯然失色。這種上升心態天生就帶有匱乏性，一山不容二虎。

以亞蒙為例。身為玩具製造公司設計團隊的執行總監，他需要向執行長報告，總結他的每個直屬部下過去一週的成果或面臨的問題。他的三六〇度評量顯示，他習慣在暗地裡或公然地將團隊的創新占為己有。當我將這項資訊告知亞蒙，他道出一個常見的藉口：「如果我只不過是一個傳達消息與批准文件的人，我在公司又有什麼貢獻呢？」

亞蒙提出了一個好問題。假如我們讓團隊發光發熱，我們要如何突出自己？倘若我們委派他人，我們的價值何在？授權給部屬後，我們該如何保持高層地位？

答案是由匱乏心態（scarcity mindset）轉變為豐盛心態（abundance mindset）。

為了理解和培養豐盛心態，我們首先需要釐清匱乏心態的樣貌與感覺。匱乏性未必與金錢有關。我們職業生涯的匱乏性是害怕「不足夠」：沒有足夠的機會、認同、人脈或報酬。匱乏心態是想要掠奪所有好處，守護我們的寶藏——包括我們的人脈、知識與創意——以保持我們的獨特優勢。

匱乏心態跟競爭有關；相反地，豐盛心態跟合作有關。豐盛心態意味著徵求團隊提出想法與成果，自由提出正向回饋，教導團隊做到最好，分享你的想法、人脈、專業知識，以及，是的，你的光芒。匱乏心態執著於「有我就沒有他們」，豐盛心態則提供空間讓他人與你一起提升。事實上，高層的空間多過你所想的。

五年來，我與比爾．蓋茲、史蒂夫．鮑默合作進行微軟的接班計畫。每一年，我們會花兩星期聚在會議室，與所有總裁討論他們部門的接班人選。年復一年，對高層主管來說，最興奮的莫過於發現有潛力的人才，培養他們於未來晉升至最高職位。

自那時起，我便與許多高層合作，而我看到了一股普遍的動態。高層的成功標竿很高，許多人無法通過——或者，即便他們可以，也會因為壓力而自我淘汰。我的最高層客戶**迫切**想要找到他們可以指導與培養的人，希望他們具備技能與韌性，能夠一步步往上爬。他們對自己的價值堅信不移，所以每當發現某人展現出哪怕一絲能夠接班的潛力，他們總會由衷感到興奮，彷彿開香檳慶祝般欣喜。

身為主管的你應該牢記，你可以也應該繼續作為你的職位的佼佼者——但不必是**唯一**的佼佼者。你不必勝過你的團隊。每個團隊成員有他們自己的角色。在豐盛心態下，人才庫有很多空間可以邀請你的部屬加入。那我們究竟該如何培養豐盛心態？方法是由上而下地實踐慷慨，以身作則。儘管追求成功的過程中難免存在競爭，但大量研究證明，慷慨能帶來指數級的豐厚回報。華頓商學院教授暨暢銷作家亞當．格蘭特（Adam Grant）於二〇一三年的麥肯錫報告中指出，在各種不同的產業中，員工互助與銷售收入、創造力、生產力和績效品質之間存在直接關聯。澳洲雪梨麥考瑞商學院（Macquarie Business School）的研究團隊訪談了八百名在雪梨與矽谷工作的管理者，發現那些公開分享資訊與資源的企業文化，在創新、效率與品質等方面擁有明顯的競爭優勢。

當你在本書中探索洞見與工具時，將會發現許多機會以拓展成功的定義。你將訝異地發現，隨著團隊提升，你的地位與成就也會同時提升。你因他們發光而閃亮，你因他們上升而高升。

這便是豐盛心態的作用。

---

**反思時間：你是否需要放下自以為是？**

我的客戶賈桂琳在我們的顧問諮詢結束後，對於她自己與她部屬的成長感到自豪。經歷了一年的內部衝突、越級向賈桂琳的上司告狀，她的團隊如今已開始順暢合作，表現大幅改善。一個原先痛斥她獨占聚光燈的成員現在也完全改觀。我問賈桂琳覺得自己最大的改變是什麼，她回答：「我學

---

會不要自以為是。」

為了培養豐盛心態，你是否也需要做出同樣的改變？

## 了解隱藏的權力動態

在一個異常安靜的星期五下午，麗莎與她的得力助手佐蘭一起出去喝咖啡。身為新創公司的財務長，麗莎的日子通常忙碌不已，從清晨六點在跑步機上檢查電子郵件那一刻起，到晚餐時間之後開車回家途中打完最後一通電話為止。因此，呼吸新鮮空氣、有機會跟她喜歡作伴的團隊成員隨意閒聊，對她而言是一種享受。當一輛卡車從他們身邊呼嘯而過，麗莎大聲說出他們公司在兩年租約到期後是否會搬家的心裡話。過沒幾天，辦公室走廊上到處都能聽見人們在推銷理想的辦公室空間，有關新辦公室的理想地點塞爆麗莎的收件匣與她的耳膜——當然就在每個人的家鄉附近。

麗莎發現，身為主管，再也沒有什麼「非公開」的事情。發號施令的同時，你身為主管所說、所做、所產生（或沒有產生）的幾乎任何事情，都會構成一張人際權力動態的黏稠網子。隨手抹掉這項權力副產品很容易，但你的成功正是取決於你能否了解與因應隨著職位階級而產生的權力動態。

我們與權威角色的複雜關係，從我們還是嬰兒時便開始了。我們日常生活裡的成年人通常會妥善運用權威，他們培育、教導、指引我們。不幸的是，有些權威人士可能會濫用或任性運用他們的地位。如果你開始剖析自己的個人歷史，以及權威概念對你而言的文化傳承——比方說你有著棕色肌膚，或者是在傳統保守家庭長大的思想開明青年——事情甚至會變得更加複雜。每當我們與權威角色互動，便會啟動那些前塵往事。我們每個人與權威角色的互動，都背負著這些塞得滿滿的包袱。

人類想要討好權威人士的傾向，可以追溯至演化上的行為。如果你的家長不喜歡你，你就完了。沒有食物，沒有庇護所，沒有社群，無法生存。獨自一人身處荒野，祝你好運，孩子。我們天生就想要討好我們命運的監護人，快轉到現代，那個監護人就是你，身為主管，你掌控著團隊的命運與生計。如同隆納・海菲茲（Ronald Heifetz）與馬蒂・林斯基（Marty Linsky）在他們有關「調適性領導」（adaptive leadership）的出色著作中所說，員工期望主管做到三件事：保護、命令與指示。作為保護、命令與指示的提供者，你便是預設的統治者。

因此，無論你有沒有意識到這點，你的每聲歎息、無聊的表情或急促的交談，都受到為你工作的人嚴密監視、分析及解讀（通常是負面的）。如果你對此有所懷疑，想想你有多麼注意自己上司的肢體語言與情緒。我的研究顯示這已到了驚人的程度，幾乎每個我訪談過的直屬部屬都相信主管的一舉一動是針對他們。身為上司，如果你走過辦公大廳時皺眉，他們便以為你是對他們皺眉。你做的任何一件小事，例如在星期日寄了一封簡短模糊的電郵給部屬，叫他明天來一趟你的辦公室，便可能毀掉他的整個週末，因為他想要解讀你真正的意圖，甚至懷疑他到了星期一還能不能保有工作。當員工在做簡報時，你的小腳趾水泡讓你不由自主做了個怪表情，便可能讓他們從辦公桌最下面的抽屜拿出抗胃酸咀嚼片。我們將在第四部詳細討論，當我們觸發團隊成員的「戰鬥或逃跑」生理反應，其帶來的商業後果是確實存在的，這些無意的惱人之舉，傷害的可不只是員工的士氣或消化系統。

另一種複雜的權力動態源自於害怕對權力說實話，那是很少人敢於嘗試的風險。因此，作為上司，你或許注意到你的團隊傾向於附和你……而且點頭如搗蒜。你的笑話不但如麥可所說，莫名地變得更好笑，你的想法變得更為傑出，你的建議也變得更加睿智。雖然我很想跟你說，那是因為你是企業智慧的先知，然而這些情況大多是你地位提升所帶來的副作用。大家的認可或許能滿足你的自尊心，但若你的部屬隱瞞了壞消息或重要意見，你的表現將大受打擊，因為這些回饋本來可以大幅提升你的影響力。

我為一名接受我指導的執行長所舉行的第一場度假會議，是為他位於南歐國家的團隊所安排的。在那個南歐國家，什麼事情都不準時，少有活動會在預定時間開始。時程會延遲多久，要視抽菸休息時段多長而定；我們舉行度假會議的飯店員工告訴我，他們已習慣時常重新加熱食物，以配合時程的改變。我向執行長路易士說，我計劃按照緊湊的時程表舉行會議，並需要他的幫助才能堅守時程表。經過第一天，飯店經理將我叫到一旁，說員工從未見過如此準時進行的活動，他們都很開心。

第二天早晨，在我們即將開始的五分鐘前，路易士不在會議室。我向人資主管瑪麗亞·泰瑞莎詢問路易士在哪裡。她告訴我，他還在早餐室。

「好的，」我回答，「我去叫他。」

一片死寂。瑪麗亞瞪大眼睛。她呆了一下，才驚醒回答：「是，是……好的。你是唯一可以這麼做的人。」

我極為驚訝。我們說好要準時，而路易士快要遲到了，所以，提醒他我們馬上就要開始開會，似乎再自然不過。這有什麼好可怕的？

那天早晨稍後，路易士起身講話時，聽到窗外傳來建築工程的噪音，他自顧自地說：「我夠大聲，對吧？我需要麥克風嗎？」

大家低語著：「不用，你夠大聲。」

他其實不夠大聲。雖然他的音量以一般而言是足夠大聲，但外頭的噪音讓我們幾乎聽不見他說什麼。「老實說，路易士，」我從會議室後方提高嗓門說，「我們需要你戴上麥克風。」

路易士並沒有做任何事來培養那種恐懼，這純粹是因為他的執行長角色所孳生的恐懼。

我們的權威往往使我們難以親近，而那種距離助長了鮮少對我們有利的孤立。為了說明這種互動的運作模式，我有時會在度假會議上進行同事吉兒·胡夫納格爾（Jill Hufnagel）教我的一項練習。我們會在團體裡指派一個人作為「權威人士」，其他每個成員必須將對自己有意義或貴重的物品交給那個人。鞋子、眼鏡、鑰匙……什麼東西都可以，只要是一個他們珍惜的實體物品。隨著越來越多物品放到權威人士的手上，有趣的事情發生了，沒有人提議幫他拿東西。這個團體隨即了解，這象徵著團隊的無數需求與期望。甚至沒有人拿張桌子來，以便權威人士堆放物品。然後，等到權威人士捧滿東西，我用頤指氣使的態度要求他替我綁鞋帶，這次同樣沒有人提議幫他拿東西。到了最後，權威人士必須將物品逐一歸還給主人，並記住誰給了他什麼東西。還是沒有人幫忙，當然，權威人士幾乎從不尋求協助。

權威是一枚榮譽勛章，幾乎無人敢質疑。一九六〇年代，耶魯大學進行了引發爭議的米爾格蘭實驗（Milgram experiment），揭開權力服從是多麼深植於我們心理的醜陋事實。假扮為科學家的演員向實驗參與者下令，如果另一個房間的受試者答錯問題，就對他進行電擊（這些對象實際上沒有遭受電擊，而是做出假反應）。假裝被電擊的人發出了痛苦的喊叫，其中一些人甚至哀求中止實驗。儘管抗議連連，實驗管理者仍予以駁回，下令「請繼續」，六五％的參與者不停加強電壓，直到達到他們以為的最強電擊。這項實驗的主持人暨社會心理學家史丹利・米爾格蘭（Stanley Milgram）得出結論，當人們出於恐懼或希望而合作，便會不顧他們自己的判斷而服從權威。

雖然有所爭議，但這項研究發掘出我們對於權力的慣性反應中，一些令人不安的真相。權力動態在我們的肌肉記憶裡根深蒂固，我們幾乎察覺不到。然而，正如同我們必須重新定義成功，若我們想在一個權威角色上成功，就必須檢視權力動態。

## 適應聚光燈

有一天，我在雜貨店排隊，旁邊就是名人雜誌架。我前面的兩個男子看起來約二十出頭，其中一人隨手拿起《時人》雜誌，封面是一位知名女演員，那個男子面露譏諷。「喔，老天，」他跟友人說，「這個賤貨的牙齒跟馬一樣。」

我不認識這位演員，但內心立刻為她感到難過，她做了什麼招致如此醜化的批評？什麼都沒有，除了她敢走進聚光燈下。我們往往認為金錢、名氣、聲望與權力散發著玫瑰般的光彩，很多時候確實如此。但在此同時，無論是身為名人或主管，那些聚光燈可能比我們預期的更刺眼。照亮你成就的聚光燈，有時可能令人感到不適又困擾。

我第一次深刻領悟到這一點，是在我的同事喬治成為微軟合夥人的時候。他很不高興他的團隊裡有人好奇他的私生活。「為什麼他們關心我開什麼車？」他不可置信地問我。他獲悉這成為休息室的熱門話題之後，更加惱火。

我碰巧知道，這種八卦打聽遠不只是喬治開什麼車。人們臆測為何他老婆那麼常去瑞士旅遊（整形手術？減重門診？）以及他的政治傾向。這沒有什麼不正常的，人們天生對上司的私人事務感興趣。儘管這種好奇心令人感覺受到侵擾，但若用另一個方式來看待這種情況，比起自我封閉與隔離，對你將更有益處。

人們想要知道這些事情，主要是為了跟你產生連結。他們想要知道你也是人，或許甚至有著共同興趣或其他特殊的共通點。這種透過共通點以拉近關係的欲望，不只是想要跟你變得友好而已。如同美國演員艾倫．艾達（Alan Alda）在他有關溝通技巧的著作《如果我真的懂你，還會是這種表情嗎？》（*If I Understood You, Would I Have This Look on My Face?*）中所說，哈佛大學的科學家利用磁振造影來證明，當人們看到自己與別人之間具有相似處，就更能讀懂別人的心思。

當然，有時聚光燈感覺起來可能更像是掃射你內心的不必要X光。我在微軟工作時，許多人跟我說他們仰慕我。在那種仰慕之下，我有了一小群粉絲，我不知道其中包括我在公司的一些友人。有一次我跟同事兼朋友辛蒂聊起，上個週末我們去北卡羅萊納州時，我丈夫馬修的修鬍剪刀被機場安檢處沒收了。然而，我不知為何吐露真心，說出我有時在旅行途中沒時間好好剪髮的話，也會用他的剪刀來修剪頭髮。

「我就知道！」辛蒂大叫，「我跟葛溫說，你會用馬修的修鬍剪刀來剪頭髮！」

在此說明一下：葛溫是辛蒂僱用的保姆。為什麼她會跟甚至不認識我的保姆聊起我的個人衛生狀況？

我們可以用社群媒體與名人文化崛起，來解釋這種控制欲。人們認為可以隨意批評任何人在聚光燈底下的私生活——包括身為上司的你。那種聚光燈——無論溫暖或刺眼——是不會消失的。如同對你的期望升高，你踏上大舞台那一刻起，聚光燈便打在你身上，永遠定格。所有目光都注視著你，你的每項決定都受到爭論，每句評語都被放大，每個小瑕疵都被高規格解讀。我有一名經常上電視的客戶說：「卡在我牙縫的每一絲菠菜現在都成了迷因。」你的部屬會永遠看著你，想要確認有關你這個人的私人資訊，你喜歡或不喜歡什麼，他們要如何跟你產生連結；以及，是的，有時候是如何利用與交易你的資訊以換取他們的最佳利益。你現在該做的不是迴避目光，而是鍛鍊燈光打在你身上時閃閃發亮的能力。

# 第2章

# 常見的主管迷思與錯誤

鍾先生天資聰穎又善於分析，按部就班地晉升到總監職位，即將於一週內上任。鍾先生的公司為高階主管提供教練課程，而他要求我們一起合作。我們第一次會面時，鍾先生一手拿著平板電腦，另一隻手握觸控筆，平靜地坐下。當我問他希望從我們的課程中得到什麼，他的答案很明確：「我希望將你當成我現在的思想夥伴與教練，好讓我在這個新職位上成長並成功。」

鍾先生在我的世界裡是個例外。我的電話響起時，最有可能是挫敗的客戶打來的。有時候，他們身處水深火熱之中，說了或做了什麼以致危及他們的事業，或者可能導致他們完全毀滅。他們打電話來，也可能是因為他們感到受挫、捲入衝突、無法負荷或感覺不得志。其他時候，來電的不是客戶本人，而是他們的人資主管在絕望之餘打來的。

南蒂便屬於這類客戶。面對她的同儕與團隊的嚴厲回饋，南蒂懷著愧疚、憂慮及困惑來與我會面。她過去是優秀的化工研究員，一路晉升為美國西岸一所大型大學的教務長，在這段期間，從來沒有人說過她做得不好——直到現在。南蒂對於自己到底做錯什麼毫無頭緒，如今她緊張到不敢在主管團隊會議上說任何話，也不敢代表她的團隊做出決定。我們並沒有立刻討論她得到的回饋，也沒有要求她去做那些人們批評她沒做到的事，而是先挖掘她接下這個職位時所抱持的假設。

我們很快便發現，南蒂誤信了常見的主管迷思，而這些迷思也造成許多管理者來找我諮詢。她自認是個「好主管」，但如今只能認為自己是個「壞主管」。這讓她無法做出任何想要的進步，因為這個新的負面標籤重創了她的信心。身為內向者兼晨型人，南蒂習慣花時間獨自思考事情，然後在會議一開始立刻切入主題。她亦自豪承擔龐大工作量，達成每個目標、每個最後期限，而且都是她獨立完成。南蒂認為跟同事膚淺閒聊是在浪費彼此的時間。當抱怨她管理風格的聲音傳到她耳裡，南蒂會找理由置之不理。換句話說，對於我們將在本章探討的四種最普遍的主管迷思，以及那些迷思所造成的錯誤，南蒂全都犯了。

當你認為事情都按照計畫進行，又隱然感覺有哪裡不太對勁，你卻仍貿然行動，不先審視是何種想法驅動那些行動，這顯然有欠思慮。就好比鎖住餅乾櫃以避免自己暴食，卻不評估為何你一開始會想吃甜點——故事的結局，通常不會是你快樂地吃著一盤胡蘿蔔。

你誤信了何種主管迷思？這些迷思如何讓你陷入常見的管理誤區？又或者未來將如何讓你走錯方向？

## 一號迷思：世界上有「好」主管與「壞」主管

身為專業工程師，我最喜愛的莫過於獲得驗證的系統。有時，我喜歡幻想找到一個成為「好主管」的公式，可以完美無瑕地成功複製。每個晉升到管理層的人都能複製它，然後——變身為史上最佳主管！我可以驅車駛向夕陽，在某處海灘的陽傘下暢飲水果雞尾酒，想到我拯救了整個世界，永遠不會再有壞主管，因而感到心滿意足。

想得美，對吧？

現實中並沒有成為好主管的一體適用公式。相信有所謂「好」主管與「壞」主管的迷思，使得這個謬論一直存在——我們不是好人就是壞人；但現實世界遠比這更加複雜。正如同沒有人只有優點或只有缺點，衡量一個主管時，既不是非好即壞，也不是固定不變的。「壞主管」很少是壞人，事實上，他們大多是意圖良善的好人，卻不自知地越過了好意圖與壞行為之間的細微分界線。真正該問的問題是，過程中究竟發生了什麼事以致越線？

我最初為兩名客戶進行了三六〇度評量，其結果對他們造成很大的打擊。洛根心地善良，總是想要鼓舞他的團隊，然而，他的三六〇度評量顯示他在大家眼中是個脾氣暴躁、沒耐心又無禮的人。和洛根一樣，卡拉非常關心她的團隊與他們的集體成果，但許多員工抱怨她生硬魯莽，習慣性針對員工提供的建議給出嚴厲的評語。這兩位高階主管的行政助理都成了他們的「氣象觀測站」，亦即其他同事在接觸主管前會先探聽的情緒指標。在我們一對一的會談中，我發現洛根與卡拉都是好人，他們很仁慈，樂於付出時間，也很用心地考量團隊成員的需求。他們在團隊面前呈現的尖銳態度，掩蓋了他們想要善待部屬的用心。由於他們外露的苛刻態度，許多同事在他們面前無法發揮最佳表現，有幾個人甚至完全不想為他們工作。

這令我感到好奇，那些看起來很棒的好人——他們早上醒來時並不會想著「今天我要如何打擊同事的士氣」——為何最後卻還是成了讓同事悲慘不堪的根源？他們在某些情境中看起來很好，例如在我們的教練諮詢中；但在其他情況下卻造成災難，例如執行日常業務。就在那時，我開始拆解權力與壓力的微妙作用——它們是如何將善良聰明（但缺乏自覺）的人，變成了地獄來的主管。

當個好主管，絕非一門固定不變的科學，而是一門需要不斷修正的藝術，無論你擔任這個角色多久，都是如此。學習當個「好主管」是一項持續的進程，需要運用特定策略與工具來管理此刻（或者更準確地說，**每一刻**）的權力與壓力。當陽光普照、工作順風順水、獲利滾滾而來、業界媒體也一致吹捧時，任何人都可以是好主管。但當烏雲密布，你的團隊無法運作得像是上好油的機器，此時你的表現才會決定你是站在「好主管／壞主管」界線的哪一邊。

**反思時間：暫停與反省**

你最忠誠的粉絲會如何形容與你一起工作的感覺？

你最大的批評者又會怎麼說？

# 二號迷思：公歸公，私歸私

蘇珊是一家小公司的營運主管，他們最近被一家大集團收購了。母公司原先准許這家小公司獨立營運，如今情況有變。蘇珊仍將獨立掌管營運團隊，但有一些後勤部門將整合至大集團，例如財務和人資。由於這些改變，有些關鍵人員離開了公司。

可想而知，蘇珊的團隊憂心忡忡。隨著一天天過去，團隊人員來電與電郵的數量及急迫性也隨之增加；原本的詢問升級為要求知道究竟是什麼情況。

「你跟他們說了什麼？」我問。

「我努力保持專業態度，告訴他們沒什麼好擔心的，以便讓他們保持專注在工作上。」她說，但聳了一下肩，顯露她對自己的保證也缺乏信心。

如同我告訴蘇珊的，向擔心飯碗不保的人說沒什麼好擔心的，就像跟害怕蜘蛛的人說，當一隻毛絨絨的大蜘蛛爬上他們的腳時不必害怕一樣。感受就是感受；告訴別人應該或不應該有什麼感受，不僅沒有意義，也自以為高人一等。況且，一再保證並沒有效，反而會讓人們更加焦慮：「為什麼她跟我說不要擔心？一定有必須擔心的理由」、「我先前不會擔心，但現在我或許應該要擔心？」此外，以她的地位來說，她可以輕易說出「不要擔心」，因為如果她離職了，仍會拿到豐厚的離職待遇，但她的團隊必然不會。

蘇珊此處犯的錯誤並不是她想要安撫她的團隊，而是對「公事永遠攸關私事」的事實輕描淡寫。我們無法分離工作上的我們與私人領域的我們。沒錯，工作要求一定的專業程度，你可以也應該做出區隔，但我們在工作上就是凡人，各種事情與互動都會影響我們。這正是為什麼同理心成為企管界過去十年的熱門話題之一。面對現今職場的龐大壓力，商業專家指出同理心是一項重要領導技能，許多人讚揚這是最重要的。我們只須看看微軟執行長薩蒂亞．納德拉（Satya Nadella）的成功便可明白，這位以同理心聞名的企業高層，被認為是讓這家科技巨擘的股價在停滯近十年後恢復成長的功臣。如同納德拉所說：「我的個人理念與我的熱情……是將新想法與對他人漸增的同理心連結起來。」

泰拉．梵．伯梅（Tara Van Bommel）博士近期在研究機構 Catalyst 所進行的調查，進一步證明了主管展現同理心的強大效力。認為上司有同理心的員工，顯然更有可能展現出創新與投入。那些感覺生活處境得到尊重與重視的人，更有可能留在公司。同樣地，當員工認為主管展現出同理心，他們就更能成功應對工作與私人生活間的衝突與拉鋸。

我教導蘇珊不要直接否定或者只是一再保證要解決團隊的擔憂，而是要列出一份清單，寫下人們時常感覺到、卻未必明說的恐懼、不確定及疑慮，然後與她的團隊分享這份清單，讓他們相信她能夠同理，也考慮過他們的處境，這能讓他們感覺自己被看見、被聽見。接著，她可以分享她對目前情況的感受，並坦承她自己的處境確實不同。最後，她應該坦率說出她所知道且獲准公開的事實和數據，盡力消除未知的不確定感。

如果你讀到這裡時，心想著「說得對，但是我沒辦法浪費時間擔心團隊成員的各種不開心」，請繼續讀下去。這類「對啊，但是」的句型，既是重要的警告，也是一種機會。

**反思時間：評估你的方法**

- 你以前學到了哪些關於公事與私事之間的界線，這對你的信念有什麼影響？
- 當公司的狀況觸動了你的個人情感，你是如何處理（比如接納、忽視或加以消化）自己的情緒？

## 三號迷思：「對啊，但是」是一種正當的立場

「對啊，但是這些都不適合我。」

「對啊，但是他們就是不明白。」

「對啊，但是我有太多事要做，沒空擔心人們對我的想法。」

這一份滲透高階主管心思的「對啊，但是」清單，我可以說個沒完沒了。讀到此處，你或許早已想起一兩項你自己的版本。那是好消息，因為如同我先前提到的，「對啊，但是」是一項信號，意味著你遇到一個寶貴的機會，可以看見自己過去可能忽略的盲點，以及管理方式中還有哪些地方需要大幅改善——前提是你願意用這種角度來看待的話。

維克多向來是屋裡最聰明的人，而他從不掩飾這一點。他總是第一個開口，並霸占每一場會議。就像是紐奧良濃湯裡的那根辣味肉腸，他沉浸於沾沾自喜之中，同時辛辣地批評別人。有一些世界富人與知名思想領袖投資他的公司，維克多因此感到自信爆棚。他總是會做他認為對的事——那聽起來很魯莽，但他通常是對的——毫不顧慮他單方面的行動對別人的影響。當他的團隊提出問題或不盡理想的報告，他的做法是惡毒責怪與勃然大

怒。人們害怕被火線燒到，於是學會隱瞞可能激怒他的潛在問題。

當我跟維克多說他的三六〇度評量回饋一致稱他為「混蛋」，他往後靠在椅背，抬起雙腳放在咖啡桌上，兩手交握放在腦後，擺出「我完全不在乎你說什麼」的世界共通姿態，嘲諷地笑說：「莎賓娜，拜託。我打從五歲起就被罵混蛋了，那正是我的成功之道。人們才不會聽那些裝好人的話、搞什麼感情垃圾那一套，就像我的人資主管一直逼我做的那些。我吼叫辱罵，叫他們滾出去，他們才會聽我的話。當我刻意在開會時發飆，他們才會專心。」

維克多這類的主管對自己的惡劣行為並不是毫無自覺，但也不感到愧疚；他們將自己的有毒特質視為榮譽勛章。我數不清有多少人像維克多一樣將「你是混蛋」的回饋當作讚美。收獲了豐碩成果，又在商業媒體上博得高調關注，維克多有權做個混蛋，對吧？

大錯特錯。抱歉，維克多。

霸凌、貶損、暴怒、黃色笑話、不合宜的評語（或更糟）等有毒行為，在十年前或許比較容易被視為常態，但現今早已完全不被接受，尤其是權威人士所做的。我們只須回想最近媒體大肆報導的倫理醜聞，便能證明這點。「視若無睹，充耳不聞」的時代已經結束了，現在的常規是互敬互重，理解彼此的差異與界線。拜社群媒體所賜，以前被隱瞞的事情如今無所遁形。資誠聯合會計師事務所（PwC）於二〇一九年的調查顯示，惡劣行為的醜聞在這二十年來首度超越財務績效欠佳，成為全球兩千五百大上市公司高層遭到開除的主要原因。

如果要我指出一項我的客戶全都具備的特點，那便是拒絕放棄他們的有害行為，因為他們相信自己正是因為那些行為才會成功。雖然他們認為這些特點有助他們晉升，但新職階帶來的權力與壓力，使得那些特點反過來成了毀滅他們事業成果的行為。

這種混淆是可以理解的，因為**有毒的工作行為源自於讓我們脫穎而出、有助我們獲勝的相同特質**——堅持與頑固、自信與傲慢、直率與冷酷，都屬於同一枚硬幣的兩面：想在高層成功，你必須調整你的行為，才能擲出致勝的那一面。棘手的是，你的職位越高，就越難分辨你的性格特質是在正向發揮，還是在造成負面影響。你爬得越高，就越難自我監督與解讀細節，甚至不知道自己何時已越線。

你不是因為具備這些特質才成功的，而是**儘管**有著這些特質，你仍然成功了。要牢牢記住這個重點。我告訴客戶，他們只發揮了一小部分潛能來提振組織成果，因為他們仍在堅持這些負面行為。直到此時，我才真正得到他們的注意。不願授權、溝通不良、缺乏個人界線，他們倔強地認為這些行為是他們成功的關鍵，卻不知道他們的成果其實**總是**被這些行為所阻礙。至少，那時我得到了大多數客戶的注意。向維克多解釋這點，並沒有辦法使他對自己的立場讓步。但是，六個月後，玻璃門（Glassdoor）等公開論壇上的負面回饋與評論逐漸增加，終於擊垮了維克多。他離開了公司，而礙於他的名聲，其他董事會也不願聘僱他作為新公司的執行長。

並不是所有的「對啊，但是」都帶著傲慢的態度。

妲莉亞正在接受她的主管——執行長的培養，準備成為接班人。她一路飛速晉升，卻感受到來自團隊的眾多阻力拖累了她。妲莉亞的三六〇度評量顯示，她無法忍受遲鈍、無能、愚笨——按照她的標準，就是低等生物。對於自己的三六〇度評量回饋，妲莉亞強烈反駁：「好吧，但我們是小公司，不知道能否撐下去，我們養不起懶惰或無能的人。」我指出，無論她再怎麼謹慎地招聘，最後總會有A級人員之外的B級與C級人員；這只不過是大數法則，因此她的「對啊，但是」防線很快就瓦解了。我接著說「既然你有B級與C級員工，除非你打算開除全部的人，否則我們必須設法讓B級與C級人員達成A級的表現」，她若有所思地點點頭，內心似乎產生了某種轉變。

妲莉亞開始詢問更多問題，傾聽團隊要說的話而不是打斷他們，從而贏回他們的信任。當她指派一個項目後，她會信任別人可以搞定細節。她甚至刻意調整表情，柔化她習慣性的皺眉，以避免傳達不必要的訊息。拋開「對啊，但是」之後，妲莉亞在她的主管之路上又跨出了一大步。

以下再舉一些最該拋開的「對啊，但是」例子：

- **「對啊，但是我很重要，無法被取代。」**不，你不是。我聽過不少客戶說過同樣的「對啊，但是」，如今他們迫切想要在找新工作的同時搞清楚他們哪裡出錯了。
- **「對啊，但是我的上司對我很嚴厲……這是我的團隊證明他們自己的成人儀式。」**我在印度長大的時候，在父母安排的婚姻當中，婆婆虐待年輕媳婦是常見的情況，在極端個案中，當婆家花光了媳婦的嫁妝錢以後，甚至會潑她煤油，活活燒死她。這些婆婆在她們還是新嫁娘時，必然也受過相同的折磨，因而養成虐待心理。這是犯罪嗎？當然是。雖然這聽起來像是戲劇性的對比，但有一些老闆已養成類似的荒謬思維。是的，你或許曾遇過糟糕、惡毒、甚或凌虐人的老闆，你恨之入骨，那你爲何要將相同痛苦施加於別人身上，讓問題延續下去呢？況且，時代已經不同，惡毒的成人儀式早已行不通。如果單靠人性不足以讓你擺脫這種「對啊，但是」的思維，取消文化（cancel culture）*很樂意幫忙。

- **「對啊，但是我知道我是對的。」** 你或許是。然而，或許還有更多事情是你沒有考慮到的？當我們認爲自己是對的，其實往往還有許多我們尚未考慮到的、其他看待事情的角度。你將在第三部看到這種「對啊，但是」是一個信號，顯示你已掉進自以爲是的陷阱。
- **「對啊，但是我就是這樣的人。」** 這種想法極爲普遍，卻錯得離譜，甚至有它自己的迷思。請繼續往下讀。

**反思時間：「對啊，但是」（Yeah, but）是一項邀約**

即興練習「對啊，而且」（Yes, and）這種方法，可以堅持你的信念，同時邁向你觀點以外的領域。試試將每一次「對啊，但是」變成一項邀約，轉而思考「對啊，而且」會如何。舉例來說，「對啊，我嚴重懷疑你說的話，莎賓娜，而我會帶著好奇心聽聽你的觀點。」你早已知道「對啊，但是」是條死巷，「對啊，而且」可以帶領你去哪兒呢？

## 四號迷思：真我只有一個

身為擁有高淨值的財務經理人，湯瑪仕有本事爭取到績優股大客戶，對他的公司營收有著數百萬美元的影響。許多同行視他為新興之星——如果他能夠克服一些事情（大概吧，他老闆說道；就是他老闆將湯瑪仕送來我這裡的），有朝一日他可以輕易成為《財星》五十大公司的執行長。

＊譯注：或稱「指控文化」，是一種社群抵制行為。

最棘手的是他的脾氣，每當有人提出他不喜歡的進度報告，他就會發火，湯瑪仕團隊的核心成員對此產生過敏反應。在三六〇度評量中，除了伴隨「對啊，但是」性格常見的形容詞，例如「粗魯」、「瞧不起人」或「傲慢」，當湯瑪仕稍微不爽，便會做出各種惡劣行為。如同維克多，「發飆」一詞多次出現，還包括扔板擦、吐口水。

湯瑪仕知道自己脾氣暴躁，他一生中不停聽到這種回饋。他是家裡六個小孩之中的老么，他的急躁可以確保他的聲音在吵吵鬧鬧的手足當中被聽見。當我將湯瑪仕的三六〇度評量拿給他看，他的反應並不是「老子就是屌、我就要橫著走」的傲慢，而是直接放棄。「我知道我脾氣暴躁會造成問題，莎賓娜，」他嘆息，用手磨蹭著精心修剪的鬍鬚。他坦承他控制不住脾氣，已導致他婚姻失敗，加上數千美元的超速罰單，因為他辱罵攔下他車子的警察。「可是我能做什麼呢？我就是這樣的人，我要忠於自我，不是嗎？」

叮咚叮咚，就是這句話將我的數百名客戶絆倒，無疑導致許多經理人的墜落。

理由如下：沒有所謂的絕對真我（authenticity）。

沒錯。純粹的真我是完全的謬論，因為沒有人會在生活各個層面展現一模一樣的面貌。我們每個人天生都有數十種不同角色，根據我們扮演的角色而展現不同的面貌。我們一天之中要扮演與卸下多重身分，例如，我的身分是教練、公開演講家、作家、母親、妻子、南亞女性、朋友、學習者與外向者。當我扮演妻子的角色，我是真心真意在丈夫需要我的時候幫忙，優先撥出時間給他。作為公共演講家，我堅持展現自己的「真實」（real），而我會做好準備以光鮮亮麗的方式出現。作為學習者，我在獨處時讀引人入勝的書。作為外向者，我與別人一起腦力激盪，猶如吸收氧氣。其中哪一個是真正的「我」？全部都是。禪安寧療護運動（Zen Hospice Movement）創辦人暨《死亡可以教我們什麼：圓滿生命的五個邀請》（*The Five Invitations: Discovering What Death Can Teach Us About Living Fully*）作者法蘭克・奧斯塔薩斯基（Frank Ostaseski）寫道：「生命要求我們持續調適。角色，如同大多事情，是流動的。」

「真我」是一個我們動不動就提到的老掉牙流行語，我們常用來為各種行為辯護，無論是因為害怕放棄，或是根本不知道該如何調整行為。我的小兒子澤文三歲時，我有個商業夥伴來我們家吃晚餐，他是個身形魁梧的男人，腰帶上挺著啤酒肚。我兒子搖搖晃晃走向他，用手指直接戳向他的肚臍，大聲說：「看起來你需要便便！」

我兒子是實話實說嗎？絕對是。不過他也是個小奶娃。他對所見之事做出無濾鏡、直覺的反應，正因如此，幼兒身上有一種令人著迷的純真，即便有時會讓父母尷尬得想挖個洞鑽進去。作為父母，我們的責任之一便是教導小孩關於文明社會互動中的細節與分寸。我們並不預期孩子天生具備能力，能像成年人一樣察言觀色、做出深思熟慮的回應。

我們每個人都會有產生幼稚的內心反應與衝動的時候。有誰不曾想要大罵慢得令人發瘋、只會照章辦事的官僚，或者因為沒拿到想要的大型專案而想跺腳尖叫？這些反應完全正常且自然。對成年人來說，同樣正常且自然的是承認那些衝動，然後**有意識地判斷那些舉動是否符合我們的價值觀**。

那正是真我與誠信（integrity）之間的主要差異。真我是原始的，而誠信需要我們暫停一下，評估我們的原始直覺是否有利於我們目前的意圖。莎士比亞的智慧名言「忠於自我」（to thine own self be true）言之有理，但在現代社會，我們卻扭曲了「真我」的意義，將它當作一種「開明」的藉口，以逃避屬於成年人的責任——也就是調整自己的行為，使其與內心的初衷保持一致。

許多時候，人們所說的真我，其實是指「誠信」，他們說的是價值觀，然而價值觀從來不會只有一個；我們都擁有相互衝突的價值觀，必須做出權衡。身為一位愛子心切的母親，與作為一位守法的公民，兩者可能互相衝突。當我買不起能救我孩子性命的藥時，如果我看到一家藥房裡就有那種藥，你可以肯定我會想要闖進去偷藥。這不是個輕易做出的選擇，卻是身為母親的優先考量。

所有人在任何時候都會面臨優先事項相互衝突的拉扯，每個事項對我們而言，感覺都很真實且真切。許多大忙人都會面臨的一項衝突，是身體健康與工作的拉扯，為了在忙碌的生活中擠出時間，我們必須在兩者之間排出優先順位。我們無法總是選擇放棄運動以爭取更多時間來完成工作，否則我們的健康會受影響。我們大多數人也無法在每個工作日擠出四小時上健身房，然後還能以最佳效率做好工作。聰明人都知道，我們在不同時候需要做出優先順位排序。

回到湯瑪仕身上，我知道除了忠於自我，受到團隊敬重也是他的核心價值觀之一，而這是一個敏感話題。他的三六〇度評量有一則故事說，有一次他當著所有員工的面，狠狠訓斥一名開會遲到的初階員工。在他爆發的前一秒，雖然他不自知，但他面前其實擺著一道選擇題：他可以沉浸於「真我」，謾罵這名員工有多麼不尊重他的時間與權威；抑或他可以優先選擇成為一名他想要成為的、值得信任與敬重的高階主管，在會後與那名員工私下討論這件事。這兩種行為都能誠實表達他的價值觀，問題是他在那個當下選擇了哪一項。

真我源於我們的價值觀，但絕非只有一個。我們在某一種環境下的真實反應，可能與其他環境非常不同。我們一直都在做選擇。假如我與家人深夜走過冷清的城市街道時，有人對我們吼叫種族歧視的話語，那絕非我挺身捍衛種族平等的時候。那時我的優先考量是家人的安全，而不是堅持社會正義。

真我也絕非靜態的，因為我們是什麼人的定義，隨著我們人生前進而改變。你的五歲真實自我，跟你的五十歲真實自我絕不相同。你重視的事情也不是固定的，如同前火箭科學家暨《像火箭科學家一樣思考》（*Awaken Your Genius*）作者歐贊・瓦羅（Ozan Varol）所寫的：「只因為年輕時的你有個夢想，不表示你要永遠被它束縛。三十五歲的你與二十五歲的你並不相同。如果你懷疑這點，不妨看看你以前發的社群媒體貼文。一旦你對那些文字與你的穿著皺起眉頭，問問你自己：『為什麼要依據那個人的選擇過生活？』」

「我就是這樣的人」、「我不是那種人」與「那是我一向的行事風格，對我很管用」之類的話語，正是你徘徊在真我陷阱的明顯跡象。對於喜歡用這類話語當作藉口的客戶，我時常對他們說，他們就只會這一招。他們氣瘋了，我了解，因為沒有人喜歡聽到自己並非多才多藝。然而，如果你堅持自己必須用這種方式做事，只因為那是你的公式或天性，那你就會變成以「鐵鎚」的方式行事，而其他任何東西在你眼中都是釘子。在九五%的情況中，你的公式或天性也許適用於當下，但是，其餘五%不適用的時候怎麼辦？倘若那五%的時候，你眼前不是釘子，而是一張椅子呢？更重要的是，當你堅持以鐵鎚的方式做事，將會錯過些什麼，或是想要逃避些什麼呢？如果湯瑪仕選擇不責罵部屬，便有時間想想為什麼那名員工會遲到。或者，湯瑪仕可能會發現那名員工在開會時更加投入與活躍。所有行動都有後果。嘗試新做法，我們才能學會新事物。

如同倫敦商學院教授艾米妮亞．伊貝拉（Herminia Ibarra）在她的著作《破框能力》（*Act Like a Leader, Think Like a Leader*）中所指出的，執著於真我的觀念，有時反而會成為成長的障礙，或是我們安全待在舒適圈的藉口。沒錯，你過去以鐵鎚的方式行事，確實造就了你的成功，那確實是你——或者說，至少是你曾經的樣子。但若你堅持原地不動，執著於「我就是這樣的人」，那你永遠就會是那樣的人。新職階要有新觀點——是的，有時這意味著你的新進化。

請不要誤會：我並不是在暗示真實是模稜兩可的，也不是建議你去做任何違背自己價值觀的事。這些都不是在暗示你應該不誠實。我要說的是，總會有互相衝突的價值觀，而我們必須一直做出選擇。

此處的重點是不要讓過去的「真我」煙幕妨礙了你未來的成長。改變是困難的，相信我，我完全明白；我整個生涯都是在協助人們在強烈的內在抗拒下，做出健全且必要的改變。如果你記得更重要的是讓行動與價值觀協調一致，就能更有效地突破「我就是這樣的人」的框架，展現出更有助於成長的誠信。

---

**反思時間：找出你的誠信分母**

- 你在生活中扮演哪些角色？你在每個角色中如何呈現自己？
- 你在各個角色中的表現有什麼一致的地方？有什麼不同的地方？
- 你在扮演這些關鍵角色時，行為背後是由哪些價值觀在驅動？

---

第3章

# 權力的蒙蔽效應

身材高大、鬍子刮得乾乾淨淨、無懈可擊的穿著、迷死人的笑容，加上新興科技安全公司的副總裁職位，亞當顯而易見會是個備受喜愛的經理人。他一向能締造驚人的商業成果，擊潰競爭對手，提前完成專案，令客戶讚嘆不已。當知名商業刊物將他評選為「值得關注的人物」，業界無人感到意外。亞當的表現為他贏得升遷，讓他掌管著價值數百萬美元的產品開發團隊。一如我曾經合作過的眾多超高績效高層，亞當相信，作為一位非凡的商業人才，自然意味著他是個傑出的經理人。優秀就是優秀，對吧？

然後，他被請進他老闆的辦公室。

挾著最近一些破紀錄的勝利，亞當跨起大步，滿臉笑容地穿越走廊，篤定自己即將再度晉升，或者至少會獲得稱讚。但他的情緒很快就跌落谷底，因為他的老闆開口便是連珠炮似的斥責，她收到針對手下這位明星主管的大量投訴。的確，亞當外在的商業成績很了不起，但在他的組織內，似乎沒有人想要與他共事。他的老闆明確表示，儘管工作表現優異，但亞當已成為一種負擔。他被指示要改正行為——而且要快。

正如馬汀・格里芬（Martin Griffin）與喬恩・梅休（Jon Mayhew）在《故事寫作》（*Storycraft*）中所提到的：「最佳惡棍往往是那些相信自己在做好事的人。」亞當就是我所說的「無心的破壞者」——出於好意的主管，執行他自認能帶來成功的行為，實際上卻破壞了他自己與團隊的職涯。亞當毫無顧忌地霸凌別人，真心認為這是締造卓越績效的最佳方式。他用諷刺與羞辱來「激勵」團隊，用玩笑來緩和侮辱性的傷害並「培養情誼」，用微觀管理來「指導」部屬。然而，他的做法引發了副作用。

亞當的三六〇度評量是我所進行過最差的，全篇充滿髒話，人們抱怨他的冷笑話及貶抑的話語，不滿他全然不尊重或感謝他的團隊。所有人都認為他是「傲慢的混蛋」。令人驚訝的是他毫無自覺。

亞當內心是個好人，真心以為他的管理技巧非常好。他完全不知道自己的行為對一起工作的人形成何種負面體驗，也不知道他所造成的傷害程度。因為沒有人敢當著他的面不捧場他的笑話，亞當以為團隊喜歡他的幽默，甚至以為他們了解他的貶損話語是風趣的激勵。我的客戶們從來就無法輕易接受難聽的三六〇度評量結果，然而亞當崩潰的神色尤其令我痛苦。當他獲悉許多同儕與團隊當面拍他馬屁，背地裡卻罵得要死，他完全崩潰了。

亞當的本意是良善的，而且就像我的許多客戶，他對於高效管理的「最佳實踐」這類研究十分熟悉。然而，他仍然陷入了一個麻煩的問題，我稱為權力鴻溝。權威人士與他們的部屬之間存在一段正常且健康的距離，但當這種距離過度拉大時，就會出現危險的裂縫，亦即權力鴻溝。我們在不知不覺中可能會跌入這個鴻溝，無意間做出「壞主管」的行為，原因其實很簡單：**權力令我們盲目**。

權力鴻溝是個棘手的領域，包含了人們對權威的普遍需求與情緒反應。這些鴻溝的邊界，通常是由你的職稱所蘊含的分量，以及你對下屬職涯命運的掌控力所界定。你也許在理智上明白這些道理，但卻不會像你的下屬那樣，每天都生活在這些現實之中——你的權威如同一把懸在他們頭上的權杖，無時無刻不在施加壓力。你手中掌控著他們的薪資和獎金、他們的升遷、他們能否參與何項專案，或者會被排除在哪些專案之外，還有你的上級對他們的觀感。

你將在第三部讀到更多相關細節，屆時我們將辨認並深入解析最常見的權力鴻溝，以及如何避免陷入其中。當你身陷其中，可能會當局者迷，但可以肯定的是，你的部屬絕對感受得到，而且會深受其害。你不會知道自己何時掉入了權力鴻溝，因為圍繞著權威所產生的人際互動，諸如讚美、威嚇，會形成緩衝墊並增加牆壁的厚度。當你安坐其中，既看不見你的所作所為在你和團隊之間是如何劈開危險的距離，也無法察覺自己行為背後的驅動力，當然也不可能聽見可以讓你即時修正軌道的關鍵回饋。

你對自己的管理失誤盲而不察，因為沒有人願意告訴你真心話。面對亞當不得體的笑話，沒有人敢不捧場，他原本是想要藉著下流笑話和團隊建立連結，事實上卻導致大家在他背後翻白眼的反感。他為了成交所動用的驅動力，就他團隊的感受而言，就是霸凌的粗暴手段。加上被層層纏繞的保護墊給裹住，讓亞當無法觸碰到誠實回饋，使得他對自身行為所造成的影響完全盲目無感。

喔，你或許也不是真的**想要**聽到誠實回饋，因為，嗯……待在那個鴻溝裡挺舒適的。在那裡，我們內心深處對於愛、仰慕、認可和尊敬的渴望在潛意識中得到滿足，進一步使我們遠離現實。當團隊贊同我們的想法，我們想要得到認同的渴望便被滿足；當我們出手解決問題，我們感受到被需要；當他們欣賞我們的努力，我們感覺被愛；當他們稱讚我們的決策，我們感覺受到尊敬。我們會持續做一樣的事以滿足需求，即便那些行為在不知不覺中已降低我們的成功機率。如果你有股衝動想說「對啊，但是」，那是正常的。我們想要滿足潛意識飢渴的原始本能，凌駕在「我沒有那麼需要別人認可」的理性想法之上。

縱使團隊當中確實有一些勇敢的人願意直言不諱，我們也很有可能已想好許多藉口來證明自己是對的，而他們只是小心眼、愛發牢騷、懶惰、愚笨、不合格、大錯特錯。指責別人可以讓我們不必負責或改變做法，而改變我們的習慣是最具挑戰性的人類考驗之一。這正是為何我總是請客戶在我提供三六〇度評量結果之後，用兩週的時間反省自己做過的蠢事；至少需要那麼長的時間，他們才會放下防禦心理，願意直面他們行為的影響，接受他們或許有連帶責任，進而願意為了他們及團隊在公司的生存，做出真正的改變。

經過我們的合作，亞當學會填補那道幾乎重創他職涯的權力鴻溝。他不再講那些不得體的笑話，不再微管理，而是選擇信任部屬可以管理好他們的團隊，他也用正向回饋取代「激勵」的諷刺評論。權力鴻溝縮小之後，他的團隊開始感到安心，可以給出無須掩飾的回饋，讓他能即時修正方向，而他現在也具備了做出改變的能力。在我們開始諮詢的兩年後，我重新訪談他的團隊，那些在第一次三六〇度評量給出刻薄回饋的同事，如今紛紛稱讚他，甚至直言（我在此直接引述）：「好上一〇〇〇%。」

接著是史黛拉的故事。

和亞當一樣，史黛拉是個本意良好的造雨人*，因表現優異而晉升高位，卻沒意識到推動她快速升遷的單打獨鬥風格，正在阻撓她成為一名好經理人。然而，與亞當不同，史黛拉的行為未必都是有毒的——只是因為權力鴻溝而被扭曲了。

史黛拉是家中第一位上大學的女性，而且不是普通的大學——她是哈佛大學全額獎學金的優等生。她以班上名列前茅的成績畢業，隨即在化妝品產業得到一個人人稱羨的職位。接下來的二十年間，史黛拉的職涯如彗星般急速上升。她成功的基石是三項關鍵能力：勤奮工作、超級關注細節，以及速度。她總是第一個主動承擔問題，如雷射般專注於締造完美成果，而且總是超前進度。當史黛拉來找我時，她已是一家市值二十億美元公司執行長的得力助手。

當這位身高一五二公分的高精力女強人走進我們第一次開會的會議室時，整個空間的氣壓似乎都改變了。「走」這個字其實不太適切；史黛拉以快兩拍的速度疾步通過每個人面前，並以相同的快節拍講話。她帶著一長串挫折清單來參加第一次會談：她的工作負荷量過大，卻不願授權給別人，因為團隊裡沒有人像她一樣手腳俐落；公司文化拖拖拉拉；史黛拉陷入內部鬥爭的泥淖，對於每次行動前都得察言觀色而感到不耐煩。這些確實都是事實，但她的團隊人數與生產力開始走下坡，也是事實。史黛拉仍在倚靠那套一向為她帶來成功的高效技能，那麼，現在問題到底出在哪裡？

新職階，舊行為，不同後果。史黛拉依然以她從前單打獨鬥時的相同高速往前衝，揉合了速度與超級細節控的經典作風，如今卻讓她的團隊望塵莫及。

史黛拉已晉升至權威性職位，卻未充分意識到，她已然踏入了人事已非的全新現實（請參考前文的一號迷思）。她依然是那位出色的執行者，但她賴以登頂的特質如今形成截然不同的陰影。史黛拉的盲點在於，她不知道**權力會扭曲他人對我們特質與行為的觀感**。你根本沒有改變自己任何地方，也沒改變那套讓你成功的行事風格，但在你升遷的隔

＊ 譯注：rainmaker是商業名詞，意指能為公司帶來新商機、大客戶的人。

天，你的言行就會被賦予不同的解讀。在升職之後，那股推動你向上的韌性，如今被他人看作是頑固。你原本引以為傲的直率，現在卻被解讀為冷酷無情。曾經主動積極的你，如今看來像是搶風頭的自私鬼。再一次，在名為權力鴻溝的封閉密室裡，你對此渾然不覺。

史黛拉的超光速推進能力，被團隊解讀為只顧著完成工作，卻漠視團隊的辛勞。再加上她因壓力破表而爆發的刻薄態度，事情開始偏離正軌。正如多年前我看不見自己脫軌一樣，史黛拉也看不見。因此，她依然照著以往的方式行事，卻在不知不覺中絆倒了自己，也絆倒了整個團隊。

史黛拉學會找出盲點，這些盲點過去阻礙她達成理想成果、影響她管理團隊。她不需要為了彌補團隊或承擔更多責任而加速前進、做得更多，而是要重新思考自己晉升後的新角色。她的工作不再是插手每個小細節，而是將目光放遠，進行策略性思考。策略才是她的新超能力，而不是速度。我們幫助她掌握了修正方向的工具：有效地分擔責任、列出與校準她引以為傲的特質，使這些特質成為助力而非阻力，並避免她自己與團隊筋疲力盡。最重要的是，史黛拉學會了這些診斷工具，以預防未來再次出現盲點。

關於管理別人，我們在理性上知道該做些什麼（或至少知道要去哪裡找尋列出最佳做法的資源）。我們不知道的是**不該做**什麼，而這種無知可能會破壞我們的努力。第三部將列出最常見的權力鴻溝，有助你明白什麼是不該做的事，以免不自覺掉入其中。

---

**反思時間：權力鴻溝的扭曲**

花些時間思考，你最珍視、自認是你成功關鍵的特質。現在請思考，當部屬透過權力動態的稜鏡來解讀時，這些特質會呈現何種樣貌。最常見的權力鴻溝扭曲包括：

- 直率／頑固
- 自信／傲慢
- 有策略／愛操弄
- 注重細節／微管理
- 堅持／固執
- 有紀律／死板
- 專注／難以親近
- 冷靜／漠不關心

---

第4章

# 隱藏的壓力衝擊

林肯曾說過：「幾乎所有人都能忍受逆境，但若你想要考驗一個人的品格，便給予他權力。」我極為尊敬這位第十六任美國總統，但我的看法不太一樣。權力會讓我們看不見我們的行動帶來的衝擊，但是，腐蝕人們品格的並非權力，而是壓力。

放任壓力不管的話，它會將我們都變成怪物。

你在趕時間或加班時，曾有多少次態度粗魯、冷淡，甚或直接爆發情緒？我們無人能倖免於此。壓力太大時，若沒有合適系統來應對，每個人內心的怪物就會被釋放出來。請記住，沒有純粹的好主管或壞主管——只有壓力之下形成的壞行為。

權力會扭曲別人對我們特質的觀感，然而，壓力會徹底改變這些特質。我們的最佳特質長出醜惡的毒牙，撕咬任何擋路的人。等到壓力超出我們可以管理的程度，我們的護欄便消失了。我們的直率不僅被解讀為冷酷——我們也確實**變得**冷漠。當我們受到壓力擠壓時，我們的信心會變質為傲慢，因為我們失去了耐心和謙虛。我們看不見這些失誤，因為，你知道的，權力使我們盲目。我們幾乎從來不曾看見自己壓力爆表時的衝擊，直到為時已晚。

分析我進行數千次訪談所累積的一萬兩千多頁資料，可以發現主管的第一大弱點就是嚴厲對待別人。換句話說，主管變身為打擊人們士氣與績效的惡霸和混蛋。那類行為的細節包括小題大作、固執己見、要求嚴苛、控制欲強、沒安全感、自我中心、反應激動，諸如此類。這些行為是壓力失控所導致的直接後果，就是那麼簡單——但也那麼複雜。

隨著你的職位高升，你與部屬之間的距離拉遠，壓力也同時增加。無論是站在世界舞台上、經營一家十人公司，或者擔任假日音樂會學校委員會的主席，壓力都會從四面八方襲來。在時間一分一秒流逝、各類人馬爭奪自身最佳利益之際，時間或資源不足等常見限制都需要你進行策略性思考。況且，更高層級的角色需要做出領袖等級的關鍵決策，可能會產生深遠的後果。你必須做的是策略性思考全局，同時應對團隊中的性格與績效問題，以及日常營運管理的各類挑戰，更別提還得在炙熱聚光燈的熾烈作用之下保持冷靜沉著。

壓力升高時，我們冷靜思考與調整我們行為的能力會隨之下降。除非我們提升管理壓力的能力，否則壓力將輕易觸發我們的反應。「我遲到了……我有麻煩了……我被討厭了……」面對外部壓力的這些內心獨白，會引發我們最差勁的一面。

在壓力太大的情況下，若是缺乏適當的情緒調節策略，即便是平常細心體貼的人也可能失控，做出讓自己後悔的行為。老實說，當我開車趕赴即將遲到的會議，又被一輛突然插隊的車擋住時，我曾經做出不太光彩的手勢，或脫口而出一堆難聽話。但如果是在我得到充足休息、沒有壓力的那些好日子裡，我會停下車來幫助一位拋錨的駕駛人。

主管不會因為得到光鮮的職稱，便在一夕之間變成混帳。沒有人想要變成有毒的領導者。當權力與壓力這兩股逆風互相衝突，便會在無意間出現「壞主管」的行為。權力讓我們對自己的行為盲目，而壓力削弱了我們避開我稱為「壓力陷阱」（Pressure Pitfalls，亦即我們在壓力升高時容易犯的錯誤）的能力。

身為負責人，所有目光都放在我們身上，這觸發了深植於我們ＤＮＡ的某種東西。那個「某種東西」幾乎都是根深蒂固的恐懼——害怕不被喜歡；怕做錯事或不完美；怕被發現是冒牌貨；怕被嘲笑、批評或被視為可有可無。如同我曾說過的，沒有人只有優點或只有缺點，然而其所觸發的壓力與心理機制，必然會大大影響我們，可能是放出內在的傑奇博士（Dr. Jekyll，《化身博士》中的主角），又或是海德先生（Mr. Hyde，傑奇博士的邪惡人格）。

順帶一提，海德先生未必都是以惡魔姿態出現。當我們沒有調整策略以因應增加的壓力，這個另我（alter ego）便會出現許多版本。例如，我的客戶喬治會化身為A級逃避者，他會堆積重要決策，不接電話，不回電郵，同時告訴自己只是需要休息一下便會回覆所有人（當然他從來沒有）。另一名客戶英妮絲則是化身成我們稱為「壞警察」的角色，穿著制服以粗暴冷酷的態度監督每項細節，令她的團隊萎靡不振。

假如你心想著「但我在壓力之下反而有最佳表現」，我完全理解，這確實有其道理。就定義而言，壓力是將一件事情推離慣性、開始動起來的力量。交件的截止期限可以讓我們的思緒更敏銳，並提升表現。無數客戶告訴過我，他們在壓力之下更有生產力；許多人甚至覺得高壓時刻令人振奮。然而，我這裡所說的並不是一個期限，也不是一些高度期望。這不只是偶發性的壓力，而是持續不斷、來自四面八方的龐大壓力，從未真正減緩，因為永遠有人在看著你。正是這些每天不停湧入的大量期望與需求，挖開了深不見底的陷阱，使我們很容易跌入其中，無法脫身。

無論壓力有多大多深，或者我們內心的怪物是何種模樣，如果不謹慎地因應權力與壓力對行為所產生的隱性影響，最終將導致成果停滯不前，而損害會從我們自己身上開始。壓力不僅會對身心健康、生產力與工作滿意度造成實質傷害，未經管理的壓力還會模糊我們的策略性思考能力——而當策略性思考是你身為主管的核心職責時，這是一個嚴重的問題。

你管理壓力的方式，不僅會影響你夜裡能否睡得安穩。一次又一次，我見證過一名有毒主管如何讓一大群同事與部屬團滅。人們被迫忍受負面行為，時時刻刻處於被威脅的狀態中。身為團隊的舵手，你防禦壓力的盔甲若出現任何裂縫，都會直接削弱團隊的生產力、忠誠度和績效，進而影響成果。記住，這不再只關乎你一個人。管理升職後伴隨而來的壓力，現在是你升職後工作的一部分。

數十項研究證明，權威人士的情緒爆發，會觸發員工的生理反應。這種威脅反應是由人類大腦原始部分的杏仁核所引發，它會立即在戰鬥或逃跑之間做出選擇，否則就落入虎口。《EQ》一書的作者丹尼爾・高曼（Daniel Goleman）用「杏仁核劫持」（amygdala hijack）來說明這種現象。當員工處於「杏仁核劫持」的狀態時，生產力與工作表現會急劇下滑，這已一再獲得證實。舉例來說，工作壓力專家朴英雅（Young Ah Park，音譯）的研究顯示，收到無禮、令人驚慌或其他讓人情緒受創的電子郵件，與員工在接下來一週出現工作疏離行為之間有高度相關性。朴英雅指出這是一種原始的自我保護本能：「處在極大壓力之下，人會傾向逃避工作，作為保存能量與資源、遠離壓力源的手段。這是自我保護。」

當杏仁核被激發，我們便無法處理新資訊、進行分析或理性思考。我們的大腦並不擅長分辨老虎就在我們眼前的人身威脅，以及齜牙咧嘴的主管所引起的情緒威脅。在這兩種情況下，我們的大腦會枯竭，智商也下降兩位數。神經科學專家詹斯・哈特曼恩博士（Dr. Jens Hartmann）指出，這種劫持效應具有累積性。我們越常遭到這種方式所劫持，越會假設這種威脅始終存在，下次便會更迅速被觸發。侵蝕擴散的循環就這樣往復進行。

在第四部中，我將揭曉最普遍的壓力陷阱，同時提供特定工具協助你避開陷阱，或者，萬一你不自覺掉入其中，也能在必要時逃出陷阱。我們無法避免壓力，但我們可以逃離其腐蝕性影響，學會在壓力中成長茁壯。

你是否曾覺得自己的生活被行事曆、干擾和電子郵件所主宰？彷彿總是被突發狀況牽著走，感到情況失控、精疲力竭，到了一天的尾聲，甚至覺得比一天剛開始時更加退步？

我們都曾有過這種感受。

許多客戶在與我第一次會面時表示，他們覺得自己被時間和注意力的無盡索求壓得喘不過氣。他們希望帶領團隊邁向卓越，但卻往往覺得是那些不斷湧來的工作與要求在掌控一切，而非他們自己。如同我告訴這些客戶的，想成為高效主管，你必須先成為自己的老闆。這代表你要先學會管理自己，才能有效管理別人。第二部將為你奠定基礎，從不堪負荷的狀態，邁向真正的自主與掌控。

第二部

# 成為自己的老闆

第5章

# 自我管理的基礎工具

本書接下來將幫助你探索需要自我管理的領域，並提供實用的行動工具來達成這個目標。在第三部與第四部中，我們將探討權力鴻溝與壓力陷阱，以及最重要的——成功避開這兩項障礙的工具。然而，在開始診斷你需要精進哪些管理技巧之前，需要先建立基本習慣，以確保其他工具能發揮最大效益。

本章將介紹三項基礎工具：成本效益分析、微習慣與肯定清單。接下來的章節所討論的工具，將協助你克服一般人對改變的抗拒，透過可實行的小步驟來推動明顯的改變，並用簡單方式記錄你的進步，為成功奠定穩固基礎。

## 克服抗拒：成本效益分析

如果我問你，有多少被緊急送進醫院接受冠狀動脈繞道手術的人，事後會真正按照醫囑改變生活方式，你會怎麼回答？六成？五成？

答案是一成。九成的人在經歷了如此痛苦、昂貴的手術之後，依然無法改變他們的生活習慣，即便這些調整可以讓他們避免再度動手術，甚至更糟的事——死於心臟病發作。

這只是數百項研究中的其中一例，但它證明了曾經試圖改變行為的人皆深有體悟的事：改變真的很難。從我的專業觀點來看，若非如此，又怎麼會有人願意付出寶貴的時間與金錢來聘請高階主管教練呢？

一開始總是最容易的。我們充滿決心地展開新計畫，就像元旦清晨那樣陽光明媚、前景清晰。然而，當壓力襲來，我們根深蒂固的習慣開始蠢蠢欲動時，我們便無可避免地產生抗拒。一旦我們遇到熟悉的觸發點（比如預算削減、部屬闖禍），便會觸發一種神經系統循環，《為什麼我們這樣生活，那樣工作？》（*The Power of Habit*）的作者查爾斯·杜希格（Charles Duhigg）稱之為「習慣迴路」（habit loop）。在高度警戒下，我們的大腦原始區域會發出訊號：「危險！危險！前方危險！」於是我們進入迴路的第二步，自動回到我們熟悉的行為模式。這種行為會帶來某種回報——舒適、掌控感、情緒發洩，或一塊蛋糕——從而閉合習慣迴路，將我們困在其中。

我們是否能成功地長期調整自己的行為，關鍵在於我們將注意力放在什麼地方。換句話說，就是專注於我們能夠獲得什麼，還是會失去什麼。羅伯特・凱根（Robert Kegan）與麗莎・萊斯可・拉赫（Lisa Laskow Lahey）的《變革抗拒》（*Immunity to Change*）指出，我們每個人都有相互衝突的決心。我們想要減重，但也想盡情享受美食與生活。我們決心整頓行事曆，好釋放更多時間與心靈空間，但同時亦致力於不讓任何人失望，不想讓自己看起來不夠忙碌、不夠重要，或者是想滿足某種潛藏於陰影中的渴望。那種陰影中的動機在我們年幼時期便已形成，作為一種生存機制，並在成年後變成阻礙我們的絆腳石。

然而，如同馬蒂・林斯基和隆納・海菲茲所指出的，人們不是害怕改變，而是害怕失去。心理學家甚至提出五種核心恐懼——遭到遺棄、失去認同、失去意義、失去目的、死亡——是「普世的失落主題」。穴居人並不害怕劍齒虎本身，他們害怕的是被利齒撕成碎片、失去性命。我們不害怕失敗，而是害怕喪失認同與意義感。或者，如果我們在大庭廣眾之下失敗，我們會害怕失去在組織裡的尊敬或地位。每項改變——甚至是最好的改變——都會夾雜某種失去。任何曾經與伴侶同居的人都知道，同住的喜悅亦伴隨著失去隱私，衛生紙懸掛的方式不再是自己說了算。當我們升職時，我們也失去舊職位的熟悉感、穩坐在自己高績效領域的舒適感，以及我們已經習慣的例行職責。

有一股強大的力量會召喚我們回到現狀，因為人們極為害怕闖入未知領域與失去熟悉的一切。我們試圖忽視那股力量，但它往往比我們的改變意志還要強大。真正能促使我們改變的，是**認清我們的收穫將大於我們所失去的**。這是直截了當的成本效益分析。效益是你的「為什麼」——你一開始決心改變的理由。當我們覺得成本比效益更為沉重時，便會產生抗拒；但是，當我們覺得效益（亦即你的「為什麼」）高於成本時，那麼克服這些阻力的障礙就變得容易多了。

舉例來說，假設你的目標是減重，而你愛吃蛋糕——畢竟，誰不愛蛋糕呢？濃郁甜美的糖霜和鬆軟夾層的誘惑令人難以抗拒。然而，如同許多營養學家所指出的，找到不吃蛋糕的**理由**，才是改變不自覺暴食、能夠對蛋糕說「不」的關鍵。當你真切地渴望讓你的感受變得更好、穿得下你的衣服、維持健康以長久陪伴家人，這樣的動機便會對甜食的誘人呼喚產生強大的反作用力。

成功運用成本效益工具的關鍵，在於訓練自己的注意力，專注於你可能收穫的，而不是可能失去的東西。在接下來的章節中，每項工具都會附上一個成本效益等式以供參考，這將強化你對於「為什麼」的決心。

---

**反思時間：我們不只因為失敗而產生失落感**

每一次成功都會造成一些傷亡。思考一下，假如你成功做出你想要的行為改變，你會失去誰或什麼事物。那會如何影響你的決心？

---

## 產生實質影響：微習慣

我的客戶在嘗試改變時，最常犯的錯誤是企圖實施一整套從頭到尾的重新設定。比爾．蓋茲曾說：「大多數人高估了自己在一年內可以做到的事，卻低估了他們在十年內可以做到的事。」這句話的意思是你可以心懷遠大志向，但要在合理的時程內完成。一夕之間的徹底轉變是不切實際的——當你面對目標卻發現自己缺乏進展，往往會感到受挫。當那些參加我工作坊的學員分析他們的時間投資組合（第十三章有這項工具）時，許多人驚覺自己其實是「時間破產」的，他們專注於效益低落或無意義的活動上，卻忽略了主要目標。身為積極進取的A型人格，他們立即下定決心戒除所有電子設備，每日進行高強度運動以雕塑身材，並想要在一夜之間趕上過去的承諾。他們試圖一大口嚥下新的「巨習慣」（macro habit）。但很顯然的是，如果這麼做真的有效，他們早已實現這些目標，甚至還多上更多。然而，改變不是這樣運作的，至少不是那種能持久的改變。激進的節食或許能讓我們在下週塞進晚禮服或燕尾服裡，但研究顯示七成至九成的人會立刻反彈復胖，而且胖得更多。我們要的是實質而持久的改變，而不是暴起暴落的循環。

接下來是微習慣（Micro Habits）。

微習慣是將大習慣分割成小小的步驟，它們是巨習慣的新積木；簡言之，建立一種習慣的習慣。微習慣有兩項要素：

一、每日執行

二、保持小規模

沒錯，每天都要執行，因為你正在塑造新的神經通路，而這些通路唯有不斷重複才能形成。保持小規模，因為當它小到可以繞過我們的防禦系統，便能開始為抗拒改變做預防接種。

這種小小的初始步驟必須在一兩分鐘內就能完成。我鼓勵客戶將這想成是凌波舞比賽：你能彎得多低？你可以降低新習慣規模的標竿，直到低得讓你自己都覺得好笑。想要調整體能狀態、跑馬拉松，但你目前投入的唯一馬拉松是狂追劇？首先，培養一項微習慣，每天穿上一次跑鞋，在家門前的台階走上走下。想整理你凌亂的衣櫥？首先，摺一件毛衣。想要建立冥想的習慣？首先，用正念深呼吸一次。這聽起來很荒唐，但真的有效。

以下是一些我客戶的真實案例：

- 收到自己的三六〇度評量中特別尖銳的回饋之後，浩宇設下「專心聆聽」的目標，因爲只要議題與自己的部門無直接相關性，他就會分心。他的微習慣是每天參加一場不帶任何電子設備的會議。

- 爲了減緩自己總是想當救火隊的衝動，英格設定了一個目標：每天至少一次，在遇到問題時先詢問別人怎麼解決，而不是立刻穿上超人披風飛去救場。
- 爲了克服自己「非做到完美不可，否則就乾脆不做」的心魔，從而能夠持續關注產業動態，約瑟夫決定每晚閱讀業界刊物中的一個段落。
- 摩根什麼事都答應，什麼事都不想錯過（導致工作量過大），他的微習慣是每天至少回答一次「讓我想一想再回覆你」。
- 安德莉亞的回覆速度快如閃電，因而導致不少誤解。爲了讓自己更有意識地應對，她建立了每日早晨習慣，在查看手機訊息和他人請求之前，先寫下當天要處理的一個重要問題。

由於風險極低，微習慣是一項安全的實驗。你可以透過它來觀察，當你打破習慣迴路、跨出舒適圈時會發生什麼事。如果你拒絕一項邀約，天就會塌下來嗎？如果你在開會時沒有檢查電郵，就會錯過十萬火急的事情嗎？

微習慣的低風險性質，亦可增強我們的韌性。我們透過從失敗中復原來培養韌性。跌倒，再站起來，重來一遍：那是一種進程，用來打造更好的調適反應以面對壓力。這也是我們小時候學習走路的方式。難道我們會因為跌倒便放棄，告訴自己是失敗者嗎？我們可能還會笑一笑，再試一次。現在，我們鍛鍊肌肉系統也是用相同方法：讓肌肉承受壓力，造成纖維的微小撕裂傷，等到恢復後就會更強壯，下個回合就能舉起更重的重量。從失敗中復原的過程，亦會增強前額葉皮質——這是調節情緒與決策的大腦區域——並抑制會觸發戰鬥或逃跑反應的杏仁核。因此，失敗未必是壞事。社會學家克莉絲汀．卡特博士（Dr. Christine Carter）指出，除非我們能接受一開始表現得不好，否則很難對建立新習慣感到滿意。有了微習慣，我們的失敗也只是小小的，能夠更容易從中恢復。

當我介紹微習慣的練習時，客戶們往往嗤之以鼻。他們揚起一邊眉毛說：「可是，莎賓娜，這太荒謬了，我不能一天只做一下伏地挺身！」此時我便知道他們已找出一個真正的微習慣了。如果它真的很荒唐，那你其實便正中靶心。現在就嘗試以下步驟：

一、想出一個你眞心想要達成的目標，任何公事或私事都可以。
二、接著，想出一個你可以推進目標的步驟。
三、到這裡就好。
四、現在，將那個步驟砍半，再砍半，再切掉一些。
五、不斷重複，直到寫下這個微習慣幾乎比眞正實行還要費力。你或許會嘲笑這項新習慣的規模，如果你認爲它太過微不足道，無法跟別人說，你就做對了。
六、現在試著每天確實執行。

將新習慣變得很微小，可以大大提升你堅持下去的機率，因為唯一比這個微習慣更荒謬的事情，就是連這麼小的任務都無法完成。然而，那些微小任務的影響會迅速累積。正如專欄作家雅莉安娜·哈芬登（Arianna Huffington）所說：「做出非常微小的改變，你便擁有力量來改變你的人生。」

在接下來的章節中，我會列出一份微習慣的參考清單，有助你從現況邁向你想要達到的目標。

## 專業祕訣：不要想，做就對了

透過深入探索神經科學和習慣迴路，勵志演講家暨作家梅爾・羅賓斯（Mel Robbins）獨創了「五秒法則」（5 Second Rule）。其原理如下：當我們產生直覺，想要往新方向前進的那一瞬間，大腦的自動設定會立即啟動，如同一隻守衛的老鷹，迅速俯衝介入，放大風險，並偽裝成自我懷疑。在這個想法與你的自動抗拒反應之間，你只有五秒的時間，否則大腦就會說服你打退堂鼓。所以，別猶豫，立刻行動。從五倒數到一，然後馬上做一次伏地挺身。就像羅賓斯說的：「真正的改變發生在那五秒鐘之間。」

## 微習慣成功的專業祕訣

一、改變場景。轉換場景已證實能夠提高成功改變習慣的機率。在我們的日常環境之外，我們的大腦會中斷其自動運作的迴路。在我們熟悉環境中的情境提示，是觸發自動習慣的原因。如果你平常很少吃M&Ms花生巧克力，但一走進電影院坐下後，腦中就全是那些甜脆的繽紛糖果，那便是我所謂的「情境提示」。練習這項祕訣的方法是，離開那些會引發舊行為的空間，選擇一個新場所來練習微習慣。比方說，如果你的微習慣是減少滑手機的時間，而你通常是在辦公室吃午飯時滑手機，那就在午餐時間去餐廳坐坐，跟人聊聊天。

**二、習慣的順風車。**創造新的情境提示，將你的微習慣連結到一項既有的例行公事。刷牙的時候學習一個新的外語單字。早晨喝咖啡時，寫下你當天的策略目標。搭火車回家時，讀一段文章。

**三、持續追蹤。**完成當日的微習慣之後，務必實際記錄下來。請參考下一項「肯定清單」工具，以了解對於改變習慣而言，關鍵是用書寫方式來追蹤進度。

**四、維持小規模的時間，要比你認為所需要的更久。**在你宣布勝利並擴大新活動的規模之前，至少堅持四週，讓這個習慣真正深植於生活中。如果我們過早擴大規模，就更容易失敗，然後隔天便會放棄。有效的失敗是一回事；徒勞無功則是另一回事。要讓自己每天都期待著接續昨天的進展，而不是因為昨天的任務太沉重而感到氣餒。我有許多極為成功的客戶在微習慣的旅程中都曾失敗，因為他們急於從微習慣跳到中等、甚至是巨習慣。如果你發現自己也是這種處境，只須回到最初那個微習慣就好。

**五、如果沒成功，就縮小規模。**切小一些，再切小一些。習慣越是微小，你堅持下去的可能性就越高，也越能培養出持續前進的耐力。再說一次，假如你覺得太荒唐，請記住，荒唐的微小改變，也勝過完全沒有改變。

## 推動進展：肯定清單

有一晚我走進臥房，發現我丈夫馬修在房裡來回踱步。

「你究竟在做什麼？」我問。

馬修盯著他的Garmin手錶，我笑了。我早該知道的。「我今天是九千四百步，」他說，「我沒有走到一萬步絕對不睡覺！」

與高績效人士合作多年（更別提和這種人結婚），我已經習慣聽到人們繞著餐桌走路，直到他們達成當日的步數目標，或者突然跳起身進行每小時的活動。一名客戶承認，她將手錶戴在吹風機上，這樣才能藉由機器震動來增加步數；另一人要求妻子去跑步時也戴上他的手錶。

大量研究已證實，將運動遊戲化有助於我們達成健身目標。記錄我們的目標與追蹤我們的進展，已獲得無數研究佐證，能夠以極大幅度提升培養任何新習慣的成功機率，尤其是在促進個人健康方面更為顯著。美國心理協會（APA）發表了一項統合分析，涵蓋將近兩萬名參與者、共一百三十八項研究，證明當實驗對象越常監督自己的進展（例如每小時或每日），他們成功的可能性就越高。

這就是為什麼我會請客戶建立每日的肯定清單（Yes List）。肯定清單是一種追蹤習慣的方式，首先由微習慣開始，慢慢逐步擴展到巨大的持久習慣。這是每日追蹤器，能幫助你對所採用的各種工具負起責任。如果你一想到每天都要做這件事就感到煩躁，我向你保證，這每天只需要花你不到六十秒的時間。

設立與實施這份肯定清單的步驟很簡單：

一、**挑選三到五項微習慣來專心實施**。最多五項就好，才能確保你堅持下去。

二、**建立你的每週表格**。你可以手繪表格或是從我的網站 www.sabinanawaz.com 列印空白範本。你的表格應該如下方所示：

| 微習慣 | 星期一 | 星期二 | 星期三 | 星期四 | 星期五 | 星期六 |
| --- | --- | --- | --- | --- | --- | --- |
| 讀一個段落 | | | | | | |
| 傾聽他人不主動打斷 | | | | | | |
| 拒絕一項請求 | | | | | | |
| 早餐前喝一整杯水 | | | | | | |
| 做一下伏地挺身 | | | | | | |

| | | | | | |
|---|---|---|---|---|---|
| 星期日 | | | | | |
| 總計 | | | | | |

三、**記錄你的行動。**每個工作日結束時，拿出你的肯定清單，只需在每項習慣寫下是或否。有些日子你或許會填入「不適用」，因爲沒有練習微習慣的機會。（務必注意不要將不適用當成藉口！）

持續這個動作至少四星期，先不要增量！經過四週後，假如微習慣表格上的「是」多於「否」，那就可以擴大那一項的規模。再回頭說說先前在微習慣工具提過的浩宇。開始練習每天一次開會不帶電子設備後，他慢慢增加不帶電子設備的開會次數，直到四個月後，他在開會時完全不用電子設備。最後他得以停止追蹤，因為這項微習慣已成功變成永久習慣。

依據正向心理學的原則，肯定清單上的成就紀錄會激勵你，就像是獲得一顆小金星。肯定清單有助你看見自己在改變上的進展，同時也能清楚顯示出哪些地方可能有所不足，以及你真正重視的是什麼。我可能口口聲聲說自己重視睡眠，但若我的肯定清單顯示我每晚只睡五小時，那麼我的結果顯然並不符合我的目標。肯定清單會幫助你與自己重視的習慣保持一致，而當出現偏離時，你也可以重新校正。

四星期的評估亦是觀察趨勢與及早調整軌道的有效方式。例如，為了達成不再搶著發言、吞沒團隊聲音的目標，我的客戶莉安娜決定每日一次在開會時必須等到三個人發言之後才發言（訣竅請參考第七章的閉嘴肌肉工具）。一個月後，我們注意到莉安娜的肯定清單在星期二那天最為零落。出於好奇，我們開始分析她的星期一大概是什麼狀況。原來，她在星期一晚上的活動爆滿。下班後，她要當她兒子足球隊的裁判，之後到街友收容所當義工。因此，莉安娜在星期一晚上的睡眠時間通常比其他日子少兩小時。莉安娜在星期二起床後彷彿被榨乾一般，很容易便重返預設的匱乏之心態：「時間不夠，我必須馬上接手解決這件事」，或是「如果我不發言，沒有人會發言，我們將浪費更多時間」。我們發現這個趨勢後，莉安娜便調整星期二早晨的行程安排，將會議延後一小時舉行。這讓她能夠睡飽一點，填滿杯子——她的咖啡杯與她的心靈能量杯——好讓她用豐盛心態迎接這一天。

## ※個案研究：自我覺醒的故事

大約七年前，我的主管告知我，我的三名直屬部下打算在接下來的一年內辭職，而我正是主要原因。這並不是我第一次收到批評，但在這之前的回饋總是帶有建設性，也會附帶行動計畫，例如「電郵寫短一些」、「練習主動傾聽」，或是我最喜愛的：「簡化一點！」每次我都會為他們的觀點找理由搪塞，從未承諾做出任何重大改變。但這一次，我深吸一口氣，同意了主管的提議，在我挑選的大約十五名同事之中，進行一場深入的三六〇度回饋評量。

我崩潰地逐字讀著我最信任的同事們的評語，他們說我死板、不聽人說話、習慣將事情複雜化，以及過度執著於細節。這些話刺痛了我的內心深處。我終於有了想要改變的想法，卻不知從何著手。

我開始實踐肯定清單的練習，建立了一份試算表來記錄我的每日行為。我追蹤了五項特定行為，以協助我達成三個目標：（一）更加留意我對他人的影響；（二）建立連結及參與；（三）指導，而非出手解決。設定這份試算表，不僅能幫助我了解「怎麼做」，更讓我補足了以前試圖改變時所遺漏的「為何而做」。我將務必「不能再做」的事情標為紅色（例如「除非真的緊急，否則不要傳送即時訊息」），而需要開始做的事情則標為綠色（例如「當人們來向我尋求解答時，不要急著馬上解決，先停下來問一個教練式問題」）。

每天結束時，我都會檢討並給自己一個「是」、「否」或「不適用」的標記。即便到了七年後的現在，我仍記得要對自己誠實。我體悟到，如果我填了「不適用」，或者猶豫不決，那我撒謊的唯一對象就是自己。覺察到這點的一兩週後，我開始能在當下就察覺自己的行為。我堅持了這個做法整整十五個月。

最終成果呢？我永遠忘不了，在我結束三六〇度評量、離開行動計畫會議室之前，我主管對我說的話，她覺得那是她所做過的「最佳投資」。至於那三名原本計劃離職的員工呢？他們在那之後又待了一年以上，等到他們真正離職時，沒有任何一位提及我的行為是他們離職的原因。

# 第三部

# 避開權力鴻溝

菲特烈．貝克曼（Fredrik Backman）的小說《焦慮的人》（*Anxious People*）中提及一個觸動我心弦的概念：有錢人會幫自己購買距離。我們都熟悉富人與窮人之間的鴻溝，財富是種「物理上的緩衝」的概念，指出貧富差距的微妙之處。賺更多可以讓你在飛機上購買更大的座位，你與鄰座之間有著更大空間，窩藏在一處特殊的封閉空間裡；有更多錢的話，甚至可以買一架自己的飛機，你的座位四周沒有人，只有機組人員。豪華包廂取代了外野座位與陌生人緊挨著坐的空間，大眾運輸工具換成私人司機轎車，你與最近的鄰居之間相隔了數英畝的大片土地。

同樣的道理，權力為我們買來專業距離。如你所知，權力本身就會自然地在我們與部屬之間創造一個空間。就最基本的物理層面而言，我們搬進較高樓層的辦公室，派駐助理作為我們與他人之間的中間人。我有些客戶不明白這點，他們的行事風格類似於告訴他們的員工：「相信我，我跟你們一樣——我也是坐在隔間裡，而不是高級辦公室」，然後自己卻占據了俯瞰泰晤士河的大間會議室。就概念上而言，當我們升遷後，就離開了原本同事之間的親切與熟悉，進入了更高的地位。當這個自然的裂縫變得太大，就如你現在所知道的，便會產生深淵般的權力鴻溝，「壞主管」的行為由此生根發芽。

第三部將說明我在數千名主管身上觀察到的、三項最普遍的權力鴻溝，以及每個人可能不自覺犯下的錯誤。在每一章中，你都能找到具體工具來幫助自己糾正那些錯誤，並縮短權力距離，回到健康且具生產力的程度。

# 第6章 單一故事的誘惑

三十出頭時，吉拉德開發出如今成為傳奇的一款電玩遊戲，後來被一家創投公司以天價買下。當時他可以拿著現金全身而退，但是吉拉德還很年輕，野心勃勃，活力充沛，於是他接受另一家大公司的高調邀約，加入公司成為軟體開發總監。由於這是吉拉德第一次當主管，此前只管過偶而來幫忙的兩名自由接案助理，不出意料地，這項轉變並不順利。

吉拉德在公司待了大約一年，應他的人資主管要求，我登場了，因為吉拉德的團隊留不住任何人。當初剛進公司的時候，年輕員工都吵著要跟這名電玩大神工作。不到幾個月，吵鬧聲便平靜下來，因為這些員工要求轉調到其他部門。吉拉德的工作表現和名聲無與倫比，所以公司想要留下他——但是，人資主管與他的長官懷疑他真是當主管的料嗎？

與吉拉德見面時，我立即對他的無比挫折留下第一印象，**沒有人理解他**。我的第二印象是他敘事的能力。我甚至還沒開口問，他就劈里啪啦講個不停，說他覺得哪裡出錯了（沒有人聽他講話），這是誰的錯（不是他），該做些什麼才能讓他有效率地做好他的工作（大家排隊聽他發號施令）。這頭具備創意與願景的熊，被單一故事的陷阱卡住熊掌了。

單一故事（Singular Story）指的是你困在自己所認為的真實與正確，就只是這樣。你評估資料，判斷情況與該做的事，然後擬定行動計畫。聽起來很像高效領導，不是嗎？別被愚弄了。這是「對啊，但是」的案例。「對啊，但是我知道答案……」、「對啊，但是我在這件事情上的績效卓然有成……」、「對啊，但這是我的願景、我的工作、我的創作——現在的情況就很好了……」

那些說法或許都是正確的，但同樣正確的是，就像任何故事，並不存在唯一客觀的版本，總是會有各種觀點。我們認為的「事實」或「真相」，往往是透過我們自身濾鏡來詮釋的個人見解。你對於現狀或未來發展的認知可能很高明——甚至是諾貝爾獎等級的聰穎。不過，是不是還有更多可能性？會不會有一個角度是你沒看到的、更好的版本，且是一條更有利或更有希望的前進之路？你知道你所知道的，但那些你不知道的，或沒有考慮到的呢？

我的朋友諾亞跟我說了一個故事，她與妻子以及其他四對伴侶一起玩「沙拉碗」遊戲。每個人輪流從一個裝滿紙條的碗中抽出一張紙，每張紙上都寫著一個隨機的詞。抽到詞的人要給伴侶口頭提示，讓對方猜出那個詞。唯一的規則是不能直接講出那個詞。輪到諾亞抽紙條的時候，她給的提示是「犬類的敵人」，她的妻子立刻信心十足地回答「貓！」，還做出放下麥克風的勝利姿勢。諾亞說不是那個詞，她的妻子不可置信地大笑說：「拜託，諾亞，狗的唯一敵人就是貓！」

答案是什麼？捕狗人。這便是單一故事的真實案例。

身為主管，你當然有權自主行事。沒人強制你要邀請別人的看法，而且你很有可能是對的。畢竟，你爬升到這個地位，就是因為你很多時候是對的。然而，聰明的主管不同於聰明的員工。聰明的主管必須更有意識地運作，將眼光放長遠。想像一下，你是對的，你能夠遵循你的單一故事完成工作，但在這一路上讓所有人不滿——值得嗎？

「在初學者的心中，有無限的可能；在專家的心中，可能性卻很少。」禪僧鈴木俊隆（Suzuki Roshi）如此說道。當你堅持你的單一故事，便排除了任何其他故事。隨著地位提高，越是老練的人，越是堅信他們的觀點才是觀點。結果這些專家錯過了其他豐富廣闊的想法，這些想法不僅可能提供更好的解決方案，亦可能促進更多創新、創意和團隊間的強大情誼。

舉例來說，一項常見的三六〇度評量回饋是有些主管會很快對某人下定論。一旦他們形成看法——亦即他們的「故事」——並對某人貼上標籤，便很難改變自己的看法。另一個普遍情境是主管們陷於鬥爭，彼此基於單一假設來指責對方的動機。高層的爭吵演變為團隊之間的全面衝突。當他們深陷內部紛爭時，便錯失了傾聽團隊、服務客戶，或在市場中策略性競爭的機會。

藉由詢問「還可能有其他情況或不同見解嗎？」，主管與整個團隊便能節省時間、減少麻煩、挽回錯失的機會與摩擦的關係，同時也能為意想不到的點子、體驗和人才留出空間。最重要的是，主管可以避開權力鴻溝的失誤，不會導致大家閉嘴，也不會誤將沉默當成自己的故事／計畫／解決方案被認可是唯一正確的。

當你表現出你對團隊的意見不感興趣，便是在擴大權力鴻溝。權力較弱者更難直面主管，尤其是一個覺得自己永遠都對的主管，這個事實會加劇鴻溝。（還記得第一章的路易士需要麥克風，卻沒有人告訴他嗎？）當員工感覺受到無視與貶損，無聲的怠工行為便開始出現。在《拒絕混蛋守則》（*The No Asshole Rule*）一書中，史丹佛大學教授羅伯・蘇頓（Bob Sutton）提到研究顯示，當老闆漠視員工的感受，員工的投入便會打折；他們刻意破壞成果，占公司便宜，請更多病假。在新冠疫情後的世界，「安靜離職」（quiet quitting）是老毛病的新名詞，只不過嚴重了好幾倍。

這正是發生在電玩巫師吉拉德身上的情形。如果你想不通為何你已分派職責，卻沒有人達到你期望的水準，那可能是因為你從未真正得到他們的信服。你或許認為大家已經對某個策略計畫達成共識，但在開過三次會議之後，事情仍然毫無進展。我在進行團體諮詢時，經常聽到員工抱怨主管沒有提供明確目標。但當我們深入拆解背後互動，往往會發現其實主管有提供明確的願景，只不過員工不贊同主管所選的方向，於是他們要麼無視、退出，要麼留下來暗中破壞主管的努力。

沒人買單的命令是行不通的。正如全世界的主管們在疫情過後的數個月中所發現的，下令員工每週五天回辦公室上班，最終適得其反。權力的支點已經由「職位」轉移到「人」身上，員工們要求彈性，也有力量要求主管聆聽他們的聲音與期待。主管必須更加敏銳地意識到自己是如何運用權力，以免這種權力被視為威脅、懲罰或強迫。「因為我說了算」的做法再也不管用了（如果曾經管用的話）。想要成為一個成功的主管，就必須深度傾聽以判斷如何用建設性方式分享權力，而不是破壞性方式；合作，而非競爭。

我從微軟公司的軟體專案管理職位升遷到高階主管培訓領域之後不久，就被指派負責名為「高潛力人才發展」的方案。每年，公司會挑選出約七百到一千名有潛力晉升為企業副總裁的人才，提供他們發展機會，並讓他們能在活動上直接接觸到蓋茲與鮑默，但這項方案一直沒什麼成效。工程出身的我對人力資源領域很陌生，根本不知道自己在做什麼，所以我在上任第一年只是重新複製了前一年的模式，心中默默猜想我何時會被抓包。

沒多久我就被抓包了。當我拿出那一年的方案，鮑默的評語是：「莎賓娜，杯子裡雖然有水，但甚至還沒有半滿。」這是他在委婉地告訴我，我有一年的時間來扭轉局面，我也向他保證我會做到。因此，我求助於我的老友——拚命工作。我發揮工程師的精神，與團隊合作，針對包括奇異、福特和波音在內的三十家公司進行基準測試和數據蒐集，聯繫各家公司的學習與發展部門主管，請教他們如何識別與培養高潛力人才。基於這些數據，我擬定了新方案，準備在會議上向微軟各個人資部門主管進行簡報。我估計，實施這個重新設計的方案大概需要三個月。

我大步走進會議廳，手中拿著一個塞滿研究資料的活頁夾，準備提出我認為在微軟可行、不可行及該怎麼做的結論。現在我只需報告我的結論，讓他們買單，好履行我對鮑默的承諾，在下個季末實行這項方案即可。沒錯，做好了。我的單一故事將讓這一天完美收場。

然而，我很快便發現，要是沒有共同參與，很難讓人們信服。這些人力資源專業人士當然不希望我告訴他們，我比他們更了解什麼才是對員工最好的。我原本以為自己帶來了一項高效扎實的計畫，透過草擬與不斷修訂，得出我自認無懈可擊的方案來幫助他們。但五十分鐘過後，他們不僅沒有為我的效率鼓掌，反而極力反擊，認為我不了解他們的員工、他們在公司的歷史，或者他們業務的獨特需求。我了解到，無論我提出多少數據來證明我的正確性，都無濟於事，因為這個方案來自於「我」，以及我認為該怎麼做的單一故事，而不是來自「我們」。開過十次會議、經過六個月後，我們共同擬定了一項讓我們全體驕傲無比的方案，不少人還跟我說他們打算將這項創新的方案寫在他們的履歷表上。最終成果來自於**人資主管們**和**我**的共同努力。儘管我們引用了其他公司的研究，但大部分是奠基於先前方案中未能奏效的部分、曾被迫經歷先前失敗的那些人的智慧，以及我們的集體創造力。

方案內容仍然大致相同：在微軟成為高效能高階主管所需的框架與工具。不過，我們簡報這項方案、與高層和參與者溝通的方式，以及在整家公司中協力合作的方式，則做出了大幅改變。以前，各個部門會保留自己的預算、構思自己版本的方案，而現在，我們統一推動一個資金充足的方案。因此，當某位參與者從一個部門調到另一個時，他不必再學習另一套不同的工具，便能成功適應。我不須花時間向每個部門證明為何這是將事情做好的方法；事實上，我的人資同事們很支持我，大家都省下了時間，將精力投入於促進參與者的學習，而不是內鬨。這項方案最後持續了二十年，因為它是來自於我們集體智慧的成果，旨在為全球性組織中的高潛力員工提供有效的支持。舉例來說，以前人們是祕密提名，有時連員工本身或其主管都不知道他們被列入特殊觀察名單。當這些員工參加領導力課程時，他們會懷疑自己是不是因為哪裡搞砸了，才會被送來「改造營」。我們將方案透明化，現在，與會者來的時候已經準備好學習與成長，而不是不安地等待最後結果。此外，那些未參與方案的人也有了嚮往的目標。隨著這項方案的扎根，入選者對於微軟投資於他們的職涯發展而感到興奮，便有動力留在這家公司。

諷刺的是，你越是聰明、越是老練，就越有可能陷入單一故事的陷阱。高智商與豐富經驗時常伴隨著對他人想法的不耐煩。沒錯，你需要強烈的自我感來支撐你的信念，才不會在每次遭受批評時感到動搖。然而，當自我過度膨脹，就會變成傲慢。你失去了好奇心，認定自己是唯一知道答案的人。低頭行事，視野狹窄，要是有人膽敢對你珍貴的創作指手畫腳，你馬上就會爆發。每當吉拉德用「不，不，不，你錯了，讓我來告訴你為什麼」打斷別人，使他們根本沒機會講完一句話，他便是陷入了自以為是的模式。

當你剝開一層層的挫敗感外衣，通常會發現窩藏在核心中的恐懼。人們往往會害怕，要是敞開心胸聽取其他觀點，就必須同意那些觀點。這戳中了我們天生想要保護自己的生存本能。如果我們的想法被潑冷水，那我們的重要性、獨特的卓越地位，是不是也會隨之削弱？若我們必須檢討、修正、重新思考，那是不是表示我們失敗了、沒能交出無懈可擊的完美成果？理智上，我們知道這種想法是荒謬的。我們的邏輯腦知道，接納他人意見會賦予我們更寬廣的視角，從中選出最可行的方案。但是，當我們感覺自己的單一觀感故事受到攻擊時，生存腦會掌握發言權，那就成了完全不一樣的劇本。

繞開單一故事陷阱的最快方式，是運用下列的「多重意義」工具。

**反思時間：你陷入單一故事的徵兆**

一、你感到特別有防衛心，或自以為是。這通常會透過身體反應表現出來，例如，你的喉頭或胸口緊縮，拳頭緊握，鼻孔張大。

二、你對別人的想法或觀點失去好奇心。好奇心通常帶著一種開放探索的感覺，而陷入「單一故事」時，則會感到封閉、不耐煩或惱怒，內心渴望並等待他人認可你的才華。

三、你的團隊對你保持沉默。你越是強烈堅持你的觀點是正確的，你的團隊就越不願意表達質疑或提出其他選項。但不能將他們害怕與你意見不合誤認為是服從。正如英國政治家約翰・莫萊（John Morley）在一八七四年談論妥協時所說的：「你讓一個人閉嘴，並不代表你說服了他。」

## 多重意義：從單一故事陷阱拯救你自己

每當下列單一故事的徵兆出現，便運用這項工具：

- 你覺得自己是對的（夾雜著挫折與憤慨，因爲自己的觀點遭到挑戰）
- 你百分之百相信「事情就該是這樣」
- 你將自己對員工或同事的性格評估當作事實（他鬼鬼祟祟，她懶惰成性，他們只在乎自己）
- 你感覺遭受攻擊、誹謗或不受尊敬
- 你發現自己不斷和一名同事發生衝突
- 你對某些同事有既定意見
- 你團隊給你的回饋是他們覺得自己的意見被駁回或無視

我的孩子還小的時候，許多父母在得知我的職業時會問，若想奠定未來事業成功，他們能夠教導小孩的最重要事情是什麼？針對事業上與人生中的成功，我的答案都一樣，那就是避免假設只有一種方法可以看待某個情況。

出於對這點的了解，我在我的兩個孩子大約八歲及十歲時，設計了一種遊戲，好讓他們對這種想法產生免疫力，我們稱之為「多重意義」（Multiple Meanings）。每天早晨，我們會在過橋的上學途中玩這個遊戲，如果那天交通小精靈心情好的話，大約是一分半鐘。遊戲方式如下：我們其中一人會從車外的周遭環境中隨機選擇一件事物，然後我們輪流猜想狀況。舉例來說，有一次我們看到一名穿著無袖背心、雙臂刺青的男子走在橋上，大兒子薩瑞夫說：「他的刺青很新鮮，他需要穿無袖衣服才能讓刺青癒合。」我說：「他是個律師，今天是他的休假日，所以他可以展現上班時必須隱藏的刺青。」小兒子澤文說：「他在橋的另一邊開了刺青店，他在展示身體藝術，當作廣告。」我們不斷說著，直到抵達橋的另一頭。

玩多重意義遊戲經過數月之後，有一天，澤文哭著來找我。「薩瑞夫是壞蛋，」他尖叫，「他偷了我的樂高積木！」

我說：「嗯，薩瑞夫或許是壞蛋，但我們可以來玩多重意義遊戲，看看有沒有其他可能？」

澤文吸著鼻子同意了。因為這個遊戲對我們來說已成為習慣，他立刻說：「嗯，他的樂高飛機組可能遺失了一塊，他看到我沒有用全部的積木塊，所以就借走了。」當遊戲開始後，他停止抽泣。「或者他有問過我，」他說，「可是我戴著耳機，沒有聽到他說什麼。」每增加一個故事，澤文的聲音就變得更加平靜，直到他得出結論，薩瑞夫為何拿走他的積木塊，可能有很多原因，而解開謎題的最佳方法是直接問他。當澤文放下他對單一故事的執念後，便得以放下他的自以為是，並發現事實上薩瑞夫沒有偷拿樂高積木，但那天早晨他在繫鞋帶時，在矮櫃底下有看到那塊積木。沒人受傷，也沒人犯錯。

在職場的現實情境中，我們將樂高積木替換為我們「被偷走」的專案與升遷機會，而壞蛋則是任何讓我們苦惱的人。由於我們執著於自己的單一故事，便增強了盲點，將自己隔離在權力鴻溝的另一端，也就忽略了多重意義的存在。

人類天生就是說故事與賦予意義的動物，我們這個物種對於故事的偏好可以追溯到數千年前，所以，別抗拒這種人性，而是要邀請更多故事出現。因為當你擴展你的敘事，就能將自己拉出單一故事陷阱，打開視野，看見更多可能正在發生或應該發生的事情。

「自以為是」正是你陷入單一故事陷阱時的寶貴警訊。你越是**絕對相信**你是對的、越是急著蒐集證據來證明自己，一劑恰到好處的多重故事對你就越有幫助。

## 付諸實踐

### 第一步：找出單一故事

我們通常深深沉浸於自己的觀點中，難以察覺自己已經被困在單一故事裡。以下是五個關鍵的警訊，值得關注：

一、你會花很多時間解釋爲什麼你的故事才是對的。

二、你說的故事非黑即白，將自己描繪成英雄，而對方是惡棍。

三、與某人發生衝突時，你專注於蒐集證據以證明自己是對的（或自以爲是對的），而不是向對方提問，試圖理解對方的觀點。

四、你認爲探索多重意義只是在浪費時間（「對啊，但是」又來了）。

五、你的團隊無人提出異議、問題或其他需考慮的觀點，而你認爲這表示你的觀點獲得全體同意。

## 第二步：列出替代故事

下一步是蒐集更多資料，以考慮多重的替代故事。你的探索程序可以遵循直線式發問：「還有什麼其他可能嗎？」或者，你也許對這個說法比較有共鳴：「如果我要從反方觀點來辯論這個想法，我會說什麼？」不斷問自己這個問題，直到你提出至少三個替代故事，或者，想要追求卓越的話，直到你想出所有想像得到的組合為止。

你的答案不需要有證據支持，甚至不一定要是有可能發生的；唯一的條件是必須不摻雜情緒。「因為他是白痴，所以才會那麼做」這類的答案沒有幫助。你的目標是避免被戰鬥或逃跑反應所劫持，這些反應會導致你亟欲保護你的單一故事（還有你的重要性、控制感和支配地位）。

順道一提，你不必獨自一人做多重意義練習。當我們向他人徵求意見時，這項練習甚至會更有效。從他人身上蒐集中立資料的竅門，在於保持問題的簡單性，避免帶入你自己的偏見。請運用我從同事馬克那裡學到的咒語：「再多說一些。」我在兩種情況下會使用這句話：當我真心感到好奇，以及當我真心在批判的時候。批判的反面是好奇心。為了跳脫你相信「絕對是這樣」的批判腦，你得停止說話，開始發問。這亦表示盡可能用最少的語句來發問。問題越長，越可能摻雜你自己的意見與引導性想法。因此，要維持不加裝飾的「再多說一些」。（如果你跟我對話時聽到我說「再多說一些」，你也可以問我是出於好奇或批判。）

允許自己不僅考慮一種可能性，而是多種可能性，我們便能由匱乏心態（單一故事）轉變為豐盛心態。這種根本性的轉變有助於開闢神經通路，訓練我們的大腦像領導者一樣思考：具備靈活轉換的可塑性，以及綜觀全局的策略。

## 微習慣：多重意義

每天一次，選擇一個低風險的情境（也就是你不會投入情緒的情境），然後問自己：「這個人這麼做，還有其他可能的原因嗎？」或者，「除了我原本的假設之外，還有可能發生了什麼事？」提出至少三種假設性故事。從這種無壓力的情境開始，你可以將這個練習培養為一種習慣，最終便會成為你在更緊繃或壓力大的情況下的預設做法。（提示：你可以選擇工作上或個人生活裡的情境。許多客戶告訴我，這項技巧改善了他們在家庭關係中的溝通品質。）

## ※個案研究：多重意義的真實案例

艾米利奧認為他的新部屬遲鈍又懶散，我們每週花了許多時間討論這個人——姑且稱他為傑夫。有一次艾米利奧來諮詢時，對於傑夫花了三天才做好一份他認為一天就該搞定的報告，感到大為光火。他訴說的故事是傑夫不在乎效率或卓越——他舉出一些具體例子，向我證明他絕對沒有說錯。

當我聽到有人表達這種程度的討伐以證明他絕對正確，我便知道這個人已陷入單一故事陷阱。我建議艾米利奧進行多重意義練習，他斥為「完全浪費時間」（另一個單一故事的徵兆）。於是，我向他提出成本效益分析：花時間考慮你自己之外的觀點或解決方案，你會有什麼損失？很簡單，我們都同意：控制權。他可能必須放棄宣示自己是唯一正確的人，或是交出自主權。然而，他可能得到的，則是他的團隊的投入與真正信服，從而提高生產力。獲取團隊的想法後，他有更高的機率得出更飽滿、更正確的結論，勝過他自己所想的。艾米利奧不情願地同意進行這項練習。

「我來起個頭，」我說，「傑夫花了更多時間來完成那份報告，或許是因為他明白這些資訊有多麼重要，想要徹底處理每個細節。」

「好吧，」艾米利奧嘆口氣，仍不相信，「或許他需要別人的資訊，而後者花了一些時間才交給他。」

我接著說：「或許他發現一項大錯誤，一直在設法修正，好讓你和公司不會丟臉。」艾米利奧點點頭，發出小聲的「嗯」。現在，開始進入狀況後，他表示：「或許他花了更久時間做事情，因為他總是被同事干擾，要求他提供意見。」

這項練習持續了幾個回合，直到艾米利奧明顯平靜下來。他終於能放棄他單一故事的狹隘性，以及伴隨而來的憤怒。如同澤文多年前所做到的，艾米利奧開始用理性、好奇的態度來看待傑夫。是什麼讓他花了那麼久的時間？在他的故事之外是否還有其他狀況？

結果，還真的有。原來傑夫有閱讀障礙，花了更多時間閱讀大量資料。傑夫一直都有感受到艾米利奧對他的工作表現不滿，因此變得格外擔憂，而這進一步損害他敏捷工作的能力。與其繼續陷在衝突和明顯的挫折感中，艾米利奧想出了一個辦法，讓傑夫有足夠的時間完成被指派的工作。就像找到失落的那塊樂高積木一樣，兩人開始更有效率地合作。事實上，在這起事件發生大約六個月後，艾米利奧回報說，傑夫已成為他最信賴的人之一。

第7章

# 找出你的溝通斷層線

我還記得第一次在一大群觀眾面前演講的情景，那時我二十八歲，獲選在一場科技會議上對三千位女性發表演說。我並不緊張，反而感到興奮，因為我從未在一個充滿女性科技人員的會場裡演講過，空氣中彷彿都瀰漫著滿滿的雌激素。我自信地走向麥克風，開始演講。沒想到，我一開口就被嚇了一跳——每個字的回音都在講堂的後牆上反彈轟響。我繼續以我平常快速的語速發表演說，但很快就發現前一句的回音與下一句混在一起，回傳到我耳中。我不知所措，思路不停中斷。

我結束演講後走下台，心中的自信遠不如上台時那般高昂。耳邊傳來的掌聲稀稀落落，並不是我幻想中的全場起立鼓掌，這讓我毫不懷疑，假如我想要成為炙手可熱的演講家，就必須調整方向。我意識到，自己在台上充滿能量的快節奏風格，正是阻礙我在大型場合發揮的關鍵。更大的場地與傳聲更遠的麥克風，需要不同的節奏。隨著時間推移，我學會調整語速、在該停頓的地方停頓，並掌握節奏，好讓觀眾、場地音效與我之間達到和諧一致。

當人們晉升到更高權勢的職位，也會發生同樣的情況。在權力鴻溝裡，一切聽起來都不一樣了。或許你自己未必有所察覺，但對於在你手下或與你共事的人來說，一切都變得截然不同。當一個人掌握任何程度的權力，無論是學校導護隊長或企業執行長，就本質上而言，你的嘴巴就像是裝上了一個永久的擴音器，會放大你說的任何事。在你的擴音器這頭，你也許不會意識到，你的話語在為你工作的人耳中並非你的本意。當你建議部屬改進簡報技巧，你或許以為是在幫忙，但在他們聽來並不像是善意的指導，反而更像是一種微妙的威脅，彷彿你準備在他們下個月的薪水打個折扣。你可能覺得自己透過分享來年的擴張計畫激勵了整個團隊，但他們反而感到壓力山大，猜想著他們的工作量是否會大幅增加。當然，沒有人會主動告訴你，因為我們很難對權威人士說出誠實的回饋。

因為這個擴音器，你嘴裡說出的任何話突然間不僅變得重要，而且很緊急。你寫電郵問部屬何時能交出報告，他卻解讀成「馬上立刻交給我」，其實你的本意只是想知道報告提交的時間，以便安排自己的行程，甚至是想給對方空間，讓他依照自己的時間表訂出一個合理的期限。然而，在他聽來，你的詢問是個信號，代表報告是他需要立刻著手的優先事項。他取消週末計畫，趕工完成報告，而結果就是——不出所料，怨氣油然而生。

如果你此刻心中正冒出一個「對啊，但是」的念頭，覺得自己沒時間小心翼翼地顧慮每個人的感受，因為你還有正經事要做，那我要告訴你：沒錯，你確實有很多事要做，而且，那些正經事之中有一項重要職責就是激勵你的團隊，提升整體生產力以創造最佳成果。假如當年我在演講時，講堂裡只有一個回音，那根本不算什麼大問題。然而，是瀑布般的回聲構成了難以克服的挑戰。同理可言，偶爾的溝通失誤並不是什麼大事。真正的挑戰是當你身為主管，你的擴音器永遠不會關掉，久而久之，這些小裂縫會累積成大斷層線。這些斷層線會進一步擴大權力鴻溝，最終形成大峽谷，橫亙在你與團隊之間，嚴重阻礙你們共同完成工作的效率與成果。

在我擔任高階主管教練的二十五年間所蒐集的上萬頁研究資料當中，主管經常被指出的第二個普遍弱點是溝通不良（對人苛刻則是第一）。這類指責包括表達不清、前後不

一、冗長繁瑣、漫不經心、死板僵化、不夠透明、缺乏指示或傾聽技巧。我們需要調整我們的口頭及肢體語言——更重要的是——我們說話的方式，以確保我們想要傳達（或不想傳達）的訊息清晰易懂。

就像我後來必須調整演講的語速一樣，當我們在職涯中步步高升，開始負責更大的團隊時，便需要強化我們的溝通能力。首先要診斷七種持續出現在我的訪談資料中最普遍的溝通斷層線：

**七種溝通斷層線**

一、不均衡的回饋
二、假設對方一無所知
三、口頭扼殺
四、聖人開示
五、過去經驗的分水嶺
六、未說出的訊息
七、未校準的擴音器

## 溝通斷層線#1：不均衡的回饋

身為非營利組織的總監，艾莎的一大職責是募款。她和她的小團隊在那年舉行了三次大型勸募活動，他們完成一項活動後，便著手規劃下一次活動——也就是在艾莎對每個人進行事後檢討之後。她堅信透過回饋才能成長，也不浪費時間在她所謂的「委婉」，總是劈頭就指出員工在什麼地方做錯了、他們該如何更適當地處理某個情況，以及她認為下次活動哪裡可以與應該做得更好。她會將部屬一個個輪流叫進她的辦公室，對每個人劈里啪啦說出一連串指正的回饋，接著用自認施展了聰明管理技巧的心情展開一天——不僅在每個人甚至還沒喝完當天第一杯咖啡之前，便完成她待辦事項清單上的三項談話，還可以提升員工的生產力。

但事與願違，這三個人被主管訓斥後的反應如下：第一人上網找工作；第二人向第一人抱怨了整整一小時，說艾莎是多麼沒同理心；第三人則玩起了報復題材的電玩遊戲，沒把工作放在心上。他們覺得不受尊重、被貶抑、被羞辱，最重要的是心中充滿怨氣。畢竟，他們才剛完成一項重大任務，預算也控制得宜，捐款人都讚不絕口。但艾莎做了什麼？她甚至連一句「謝謝」或「做得好」都沒說，而是直接切入「以下是我們可以做得更好的地方」。

艾莎一再跌入只專注於指正性回饋的陷阱。給予員工指正性回饋固然是重要且必要的；但與此同時，你不能「只」提出這種回饋。這種不平衡對他們的心理與生產力的打擊，遠遠超過你的想像。

心理學家暨伴侶關係專家約翰．高特曼（John Gottman）深入研究了伴侶關係成功的因素。他指出，若要讓你的伴侶認為你提出了均衡的正面性與指正性回饋，你每講一項負面評語，便需要提出五項正面評語，高特曼稱之為「魔法比例」（magic ratio）。身為人類，我們天生就會注意危險與負面情況，卻難以真正接受正面情況，除非它像本週排行榜冠軍歌曲一樣被重複播放。

假如你正想著：「好吧，當然，但那是愛，而這是公事。」容我重申一遍：所有的公事互動都具有私人性質。我們都是人類，每天早上上班前，我們並不會將生而為人的心理特質留在家門口。我可以向你保證，除了「不受賞識」的人類情感層面的影響，你忽略給予正面回饋，還會對工作造成實際影響，這會反映在生產力的損失上——更別提你的團隊對於你作為主管的效能之評價。

在一項針對七千多名主管的調查中，領導力培訓顧問公司詹勒霍克曼（Zenger Folkman）發現，三七%的主管會迴避提供正面回饋。我與客戶的對話亦佐證了這點，當我提及「魔法比例」，他們會尷尬地笑一笑，或者挑起眉毛，辯稱他們不想讓員工只滿足於目前的成就，或者他們覺得自己沒時間「悉心呵護」員工。但當我告訴他們，研究證實，得到正面回饋的人，其生產力提高了一二．五%，獲利上升八．九%，離職率則降低一四．九%，這些笑聲與質疑就會逐漸消失。詹勒霍克曼公司發現，高達六九%的員工表示，當他們的努力獲得認同，會讓他們更加賣力工作。

我們來分辨何謂讚美與正面回饋。讚美是說「做得好」，雖然這會讓你知道有人看見你、欣賞你，但有時亦可能讓人覺得自以為高人一等。而且，正如兩口就吃掉一塊餅乾，其效用十分短暫，沒多久你就想再來一個——無論是杏仁餅乾（我的最愛）或是「做得好」。神經科學已證明，得到讚美會觸發大腦中令人感覺良好的化學物質「多巴胺」，誰不想要更多、更多的良好感覺呢？我們的注意力自然會轉移至博得讚美，而不是取得成果。

然而，正面回饋並不像讚美那麼膚淺，雖然它也會觸發多巴胺分泌，促進更多創新思考與創意性的問題解決，但它更像是高蛋白飲食，會讓你有長久的飽足感，而不是空虛的熱量。讚美類似於「今天的網路研討會做得好」，而正面回饋則比較像是「你的網路研討會幫了大忙，因為你不只有框架，還透過我們可以立即採取的三步驟，讓計畫具體可行」。正面回饋包含正面認同某人的行動，以及**那項行動的效果**。得到這項回饋的人因而能明白，他們該如何將概念與具體可行的步驟結合起來，讓受眾能夠立刻採取行動。

我以前便曾收過這種回饋，因此能證明其持久力。數年前，我為紐約一家金融服務公司舉辦一場為期兩天的商業策略研討會。在第一天的休息時間，一位名為馬汀的與會者來找我說：「我可以給你一些回饋嗎？」我立刻僵住，心想：**喔不……我做錯了什麼？**我裝出我的最佳培訓師表情說：「當然，那太好了。」

「你很熱情。」馬汀說。

一陣沉默。

「然後……？」我溫和地鼓勵他，但不確定他要說些什麼。「這是好事還是壞事？」我心想既然他大膽且主動地向我提出回饋，那我也可以大膽問個清楚。

「喔，那很棒！」馬汀熱情地回答。

「什麼東西很棒？」我追問，既想協助他鍛鍊提出回饋的技巧，也想滿足我對於如何進行一場優秀簡報的好奇心。

馬汀停頓了一下，別過頭去，盯著天花板點點頭，思索著如何用話語表達他的想法。過了一會兒，他說：「當你改變音調、運用手勢，那讓我更相信你說的話，因為你令人感覺熱情十足。還有你的簡報動畫讓我保持清醒，激勵我學習。」

九年後，我仍在重述這個故事，但老早便忘記其他人在走出大門時向我稱讚的「很棒的研討會」。收到馬汀的回饋之後，我研讀書籍、觀看影片，學習一些全球最佳演講家利用手勢的方式。我聘請了演講教練，具體指導我如何運用肢體語言搭配我的話語及訊息。用手勢來輔助說話是我與生俱來的本能，但我仍努力學習將這項技巧提升到更高的層次。直到今日，每當有人感謝我的熱情演講，我都會在心中感謝馬汀。

### 專業祕訣：重新安排回饋比例的三個方法

一、**遵照五比一的比例。**每給出一項指正性回饋，就要給予五項正面回饋。當我們長時間持續提供大量精心措辭的正面回饋，員工就更容易接受批評。他們得到指正性回饋後，會明白你的用意是進一步引出他們的智慧，而不是用羞辱的方式讓他們學到教訓。

二、**專注於正面回饋，而非讚美。**讚美是為行動鼓掌，而正面回饋亦認同他們行動的重要效果。

三、**養成習慣。**每個星期五，空出五分鐘來檢討這一週。誰值得一份正面回饋，而你尚未告訴他們？

## 溝通斷層線#2：假設對方一無所知

若是我們學識淵博，很容易忘記別人也是如此。

客戶桑杰與我諮詢了大約一年，當時他獲邀到一所名門大學擔任經濟學客座教授。他開的課程是專題研討，用講課與課堂討論來教導二十六名學生。學期結束後，學生們提供匿名課程評鑑。雖然許多評語是正面的，但有一句相同的負面回饋重複出現，讓他耿耿於懷；學生們覺得他擺出高人一等的姿態，彷彿他們矮人一截。

「我無法想像他們為什麼有那種感覺。」桑杰在我們諮詢時說道，顯然感到忐忑不安。

我請桑杰將評鑑拿給我看，而我很快便發現他的誤判讓學生感到不滿。他在每堂課剛開始介紹主題時，總是花很多時間講解基礎知識，而後才進入他所擅長的進階專業內容。有一則最具代表性的回饋寫道：「他似乎忘了我們班上大多數人本身皆為獲獎學者，已研究這個主題多年。」

如果這是性別議題，我們稱之為「男性說教」（mansplaining），但在管理界，我稱之為「假設對方一無所知」（Assuming Cluelessness）。這種情況在說話與聆聽的時候都會發生——在說話時，你未事先了解他人的知識背景，就透過你的專業高度滔滔不絕；在聆聽時，則是沒有充分聽人說話。後者相當常見，因為權力鴻溝的隔音牆模糊了回饋的線索。在權力鴻溝內，你很難讀懂人心，主要是因為你時常遇到表面和氣的無表情撲克臉，底下壓抑著「這個人是在開玩笑嗎？」的心情。

你要如何知道？你無從得知。這正是為什麼你必須進行自我審視。

我們最常忘記提問及聆聽的兩個情境，就是我們在教學和提供回饋的時候。我所謂的「教學」並不完全是字面上的意義，如同桑杰的情況；我指的是，你有意要指導團隊成員做些新事物。比方說，你的一名團隊新成員將向董事會報告，你跟他談話時，一開始可以向他說明董事會成員的角色、如何表現自己、如何控制演講節奏等等，這些都是很好的建議——但如果他已經有十年向董事會報告的經驗了呢？而你並不知道，因為你在展現無所不知的專業之前，沒有先花時間了解他的經歷。現在，你不僅浪費了時間，還埋下些許不愉快。當自己被頤指氣使時，這個世界上沒有人不會感到生氣或受辱。

## 專業祕訣：察言觀色

我們登上成功之梯時，會留意上司臉部的每一項細微變化，但等到我們晉升後，卻忘記對部屬察言觀色。要避免「假設對方一無所知」的溝通斷層線，最簡單的方法之一是暫停一下，環視整個房間。他們正在看你，或是探詢似地面面相覷？他們是如同神遊太虛般點頭，或者對你說的話做出反應？他們有沒有提問，還是默默坐著？他們是否與你有眼神接觸，抑或不停滑手機搜尋黑色星期五特價活動？如果你願意稍加觀察，線索多得是。

當你要對團隊成員提出嚴厲回饋時，很容易假設他們不知道自己那場簡報表現得好不好、工作的哪部分未達標，或者哪裡可以做得更好。但是，他們心裡很有可能早已清楚這點。大多數人都相當擅長察覺自己未達標的時刻，甚至會為最小的失誤而自責。當你開門見山，直指他們表現不好，卻不給他們機會表達自己對失誤的認知，可能會在無意中加劇他們原已感受到的羞愧感。羞愧是一種強烈情緒，會深刻衝擊員工的幸福感及生產力。整個職涯都在研究脆弱與羞愧的作家暨教授布芮尼．布朗（Brené Brown）認為，羞愧感的打擊會導致我們退縮與生產力大幅下降。學術期刊《心理學前沿》（*Frontiers of Psychology*）於二〇二一年發表的研究佐證了這點，當員工感到羞愧時，他們從失敗中學習與反思的能力會明顯受損。作為一名想要鼓舞與引導團隊邁向最佳表現的主管，這便是避開「假設對方一無所知」陷阱的絕佳理由。

為了幫助你避開陷阱，請使用下列的「翻轉回饋」（Feedback Flip）工具。這個工具能讓批評性回饋變成一種具建設性、更易於接受的練習，對你與員工來說都有益處。這亦能預防時常因為「假設對方一無所知」所造成的誤會與消耗表現的內耗。

### ※翻轉回饋：給予批評性回饋，但不讓場面難堪

每當出現以下情況，就使用這項工具：

- 團隊成員績效落後

- 明星員工逐漸失去動力
- 你不確定該如何對部屬提出批評性回饋，而不會冒犯或打擊其士氣
- 你需要時時刻刻受人愛戴（這讓你對於提出批評性回饋感到苦惱）

我第一次擔任主管時，必須向我共事兩年的同仁提出指正性回饋。伊莉絲的工作成果太少了，每當我經過她的辦公室，我注意到她總是在玩電玩遊戲。

我數星期夜不成眠，我丈夫快被逼瘋了，因為我不斷問他意見，還根據各種情境進行角色扮演。當我終於面對伊莉絲時，她說：「我一直在等你跟我進行這次晤談。我知道我沒有好好工作。事實上，我不是很明白我應該做什麼，我一直害怕跟你坦承這件事。」如果我有想到先問問她就好了；而我不是第一個犯下這種錯誤的主管。

「回饋」一詞往往讓我們感到胃裡一陣翻騰——提出與得到回饋皆是如此。只需兩個簡單步驟，就能讓提供回饋變得更為容易，關鍵在於翻轉我們平常的做法。

## 付諸實踐

首先詢問那個人，他覺得自己做得如何。藉由翻轉回饋，讓接收回饋者先發言，我們傳達出我們在乎他的意見、希望進行開放式對話，而不是猶如發表訓話一般，導致權力鴻溝擴大。

舉例而言，你可以說：

- 「我想知道你對那次會議的情況有什麼想法。」
- 「你覺得今年一整年你做得如何？」
- 「在一到十分的範圍內，你對自己的表現有多少信心？」

除非他們完全與現實脫節，否則大多數人其實很清楚自己的工作有沒有達標。我每一年會發表數十場演說，經常面對大批聽眾——相信我，我非常清楚自己何時發表了一場精采的演說，以及何時我沒能達到我預期的驚豔效果。你將會訝異地發現，在很多情況下，你和你的員工對表現的評估是一致的，這也會減輕你必須指出每一項失誤的負擔。

即便在你們對表現的評估不一致時，這仍能協助你為困難的對話起頭，因為你預先設定了期望，意味著你們的看法並不完全相同。舉例來說，我有一名員工在籌備活動時沒有達到我要求的水準，所以我在對話一開始時，便請他評估自己的貢獻。

「在一到十分的範圍內，我想知道你籌辦這次研討會的投入程度是多少？」我問他。

他若有所思地點頭，回答：「八分。我花了許多時間投入準備。」

這位員工不僅在會議資料上錯誤百出，還遲交了手冊，以至於來不及修正那些錯誤。在我心中，他的表現遠低於八分。

我回答：「看來我們對你表現的評價不太一致。好消息是，那或許只是我看到（或沒看到）的緣故——不過這仍是我們需要討論的問題，因為觀感即為事實。」

在意見不一致的時候，最強力的用語之一是「而且」(and)。舉例來說，「我明白你認為自己得了八分，因為你投入了很多努力，而我覺得分數更低，因為我們無法及時修正錯誤。我們都在努力創造大家引以為傲的滿分表現。你認為我們要怎麼做，好讓我們的評分更加接近？」記住，身為主管，你的工作是設定目標、成果，以及不可妥協的事項；這些對話的目的是重申以上內容，讓你與團隊建立合作關係，而非對立。或許你對他們的表現有著不同看法——而按照總體目標，現在你們可以一起做些什麼來達成共同目的？當你用「而且」而不是「但是」來銜接句子時，你並不是在貶低他們說的話，或者讓你的命令高高在上；你是將他們置於平等的地位，邀請他們共同參與創造的過程。

**微習慣：翻轉回饋**

當你面臨必須提出批評性回饋的情況時，先詢問人們對自己工作或表現的滿意程度，再提出你的意見。（注意：這或許不符合微習慣的每日執行要求，因為你不一定會經常遇到提出回饋的機會。）

## 溝通斷層線 #3：口頭扼殺

幾年前，我和丈夫創立了一個業餘劇團。在演出了數檔戲之後，我們開始籌劃第一齣喜劇。排練才過了兩週，導演便因為大腸憩室炎而緊急開刀，我們頓時陷入困境。距離正式演出只剩六週的時間，我們卻根本沒有準備好。我的朋友安娜在另一個劇團兼職當導演，便過來救場。安娜很優秀，既能掌握整體畫面，例如角色在舞台上的位置，也精通細節，比如在某句台詞前該如何停頓，才能達到最佳效果。與安娜合作令人振奮，她給了我們一大疊筆記，而我們有太多地方需要學習與改進。

之後，我的朋友凱爾也來為一場排練擔任客座導演，他只有給我們一項回饋：「這是喜劇，節奏就是生命。加快說台詞的速度。當一名演員即將說出台詞的最後一個字，下個演員就應該開始說話。」凱爾的回饋簡單明瞭，此後我們便專注在節奏上，而這齣戲成為我們最成功的一齣。能讓觀眾發笑，感覺真的很棒——這件事遠比你想像的要來得更加困難。在凱爾那次排練後，我激動地對安娜說：「凱爾好棒，他就只是給了我們一項回饋——加快節奏。」安娜有什麼反應？「但我四週前就已經全部都告訴你們了！」遺憾的是，由於她給了我們一大堆回饋，我們很難領會究竟應該將焦點放在哪裡。並不是她的筆記沒有改善我們的表現；問題在於大量的建議模糊了重點，而那正是能否為觀眾帶來幽默表演的最大差別。

在管理職位上，我們的話語本就具有放大效應，因此，說得太多會對受眾產生過度的影響，反而讓真正重要的事情變得模糊不清。

身為主管，口頭扼殺（Verbal Overkill）亦壓制了其他聲音，尤其是那些沒有話語權的人。我的客戶塞巴斯汀就是個例子，無論談論什麼主題，他總是知道答案，遠遠超前大多數人得出結論。身為一家科技新創公司的共同創辦人，他有許多事要做，也需要在許多事情上證明自己。塞巴斯汀認為，當他打斷別人講話，直接切入主題，是在節省每個人的時間。他對別人意見的標準回應是「不，不，不……」，因為他三年前已見過類似的提案如何失敗，或是競爭對手如何犯下相似的失誤。無論別人的意見多麼微不足道，塞巴斯汀都會（長篇大論地）逐一回應。

「任何主意對塞巴斯汀來說都不夠好，」他的三六〇度評量中有一則回饋寫道，「他想要贏，不只是贏過競爭對手，還要贏過我們。他會不停地說，直到你精疲力盡，最後只好答應他的任何要求。反正塞巴斯汀都會插話發表自己的意見，那我們又何必多說呢。」沒多久，會議中發言遭打斷的情形減少了，因為塞巴斯汀的獨白越來越長。毫無意外地，塞巴斯汀沮喪地對我說：「為什麼我是唯一想出這些主意的人？別人為什麼就不能主動一點？」他完全沒意識到，自己話越多，其實是在壓低別人的音量。

另一則三六〇度評量回饋是：「塞巴斯汀完全不會察言觀色，他根本不抬頭看看大家有沒有在聽他講話。」塞巴斯汀的口頭扼殺結合了單一故事的傾向，令他無法判斷別人是否也對他的話題感興趣，或只是希望他少講一點、多聽一些。其他數則回饋強調了塞巴斯汀對每——件——事的過度反應。當一個人的大腦飛快運轉，覺得自己必須在每場對話中發表看法時，往往就會適得其反。這使得溝通陷入泥淖，因為他們的訊息被長篇大論給稀釋了。

和塞巴斯汀一樣，我的許多客戶在三六〇度評量中被形容為「排山倒海之力」（forces of nature），他們透過展現實力和強大的思維能力來推動事物，這雖然有用，但有時卻會減損生產力。經營一份事業時，在某些時刻或場合中需要像個大力士，擊垮看似堅不可摧的障礙，甚至靠一己之力改變局勢。但那種時刻與場合，絕不是在你擔任主管角色的時候。

當主管是一門奧妙的藝術。如果你還在繼續展示你結實的二頭肌，便會形成對立的氛圍——你是超級英雄，而你的團隊則是需要被拯救的小人物。如你所知，當你唐突地提出答案、主導話語權、霸占說話時間以炫耀專業知識，這些做法除了滿足你被需要的渴望、證明你最棒之外，其他一點用也沒有。一旦你真的成功，你根本不必一直自證能力。如果你能夠察言觀色、注意別人的互動方式、為他人創造成長空間，使其變得更強大，你的影響力也會變得更深遠。你對抗口頭扼殺所需鍛鍊的主要肌肉，我稱為「閉嘴肌肉」。

### ※閉嘴肌肉工具：練習保持安靜的力量

這是一項特別實用的工具，每當你注意到下列情況便能使用：

- 你沒有得到團隊的有效意見
- 你發現自己總是得提供答案或點子
- 你的時間不夠用，深陷於瑣事之中

透過兩項相關但不同的動作，可以鍛鍊閉嘴肌肉：等候發言、不要插話。在這兩種情境中，你放棄了發言的絕對控制權。你未必要放棄當屋裡最聰明的人，但你確實必須放棄廣播與一再證明那點的機會。你對於「被需要」或「證明自己最棒」的渴望，不會在一開始發作時便得到滿足。

這對某些人來說是很大的損失。那麼，你可以得到什麼收穫？你將有機會成為激發與培養團隊才華的主管。只要選擇閉嘴，邀請人們發言，你便能拉近權力距離，營造氛圍讓團隊成員感覺被聽見，以及受到良好指導。同時，你也能從他們的獨特貢獻中獲益良多，說不定，他們提出的主意甚至比你原本的還要好——又或者，在通力合作之下，你可以達成你無法獨力完成之事。

## 付諸實踐

你可以用數種方法來鍛鍊閉嘴肌肉。如果你往往是第一個發表想法的人，過度占據空間，及／或頻頻發現自己不耐煩地打斷別人，請嘗試下列練習：

## 閉嘴練習：堅持當至少第三個發言的人

最基本的是至少讓兩個人講完話，你再發言，即便這表示得安靜坐著幾分鐘。

當第三個發言的人，並不表示你在放空，或只是在忍耐、等待輪到你發言的時機。前面兩個人發言時，你該做什麼？你要聆聽，真正地**聆聽**。你或許會學到一些東西，當你傾聽與回覆團隊的觀點時，他們將會注意到你有在聽，並感受到被重視，而你也能更為深思熟慮、更有效地參與對話。

假如你讀到這裡時，腦中浮現「對啊，但是」，並覺得自己可以一心多用，請容我解釋一下：你以為自己可以在心裡編列待辦事項，同時專心聆聽，但研究明確指出，當我們在做其他事情時，其實無法全心聆聽，而我們在這種時候便會犯錯。我通常會在團體場合中看到這種情況，正在做其他事情的人被問到問題，還必須請提問者重複一遍問題。

人們誤以為一心多用是種美德，這被人們視為在職場強而有力的象徵：**我是高頻寬的人；我可以理解許多事；我的大腦天生就能同時多工處理**。尤其在現今的虛擬職場，成天坐在辦公桌前，人們堅持必須一心多用，因為有開不完的會。許多人對電子郵件有錯失恐懼症（FOMO），即便只是假裝緊急的私人信件（「八五折，只有今日！」）。

抵抗一心多用的方法之一，是思考一個或兩個你想要問現在發言者的問題（在等候至少第三個發言的時候），並不是讓你顯得聰明的表演性問題，而是你真正好奇的兩件事。這也是一個讓你覺得無聊會議不那麼無聊的好辦法。

人們時常在主管主持的會議上一心多用，這是一種「輪輻式」的發言風格，換句話說，部屬（亦即「輻條」）只有在主管（亦即「軸心」）問話時，才會發言。當別人向主管彙報每週報告時，為什麼其他同事也需要聽？因為假如你想要擔任你主管的職位，便需要全神貫注，了解自身職責範圍以外的情況，才能在更高層級上變得更具策略性。你要眼觀四方：左、右、上、下。有一種信號是代表你已為下一階段做好準備，就是你的同僚願意為你效力。現在正是你建立同僚關係的時候——不是為了與他們競爭，或是試圖讓他們為你工作，而是要合作並強化彼此的連結。身為主管，不僅要考量如何管理團隊，更要考量你留下的足跡與傳達的話語。

## 閉嘴練習：改變你對「幫忙」的定義

我們看到某人有麻煩時，往往很快便出手幫忙。然而，這種幫忙並非最佳管理策略，因為幫忙可能讓別人感覺無能，阻礙其成長與發展。高階主管教練馬歇爾．葛史密斯說過，當我們提出的想法只能改善內容的五％，卻可能使同僚的主動性與決心下降高達五〇％。

並非每件事情都是需要解決的問題。我們不必總是急著插手解決一個狀況；光是聆聽及參與對話，或許就已足夠。人們有時候只是想要被聽見、被理解，或者希望有人當他們的「共鳴板」，讓他們整理自己的想法。為了確認是否屬於這種情況，並改變你對「幫忙」的定義，你可以在插手前先停下來，問對方兩個問題：

一、你已經考慮過哪些想法？

二、在這個階段，對你來說最有幫助的是什麼？

這兩個問題有助你與你想要幫忙的人產生連結，而不是一股腦兒地插手，用你的解決方案（或你的渴望）蓋過他們的需求。

## 閉嘴練習：使用邊欄筆記

如果單單靠傾聽就能解決這麼多問題，為何會那麼難做到？其中一個原因是，我們擔心如果聽得太久，會忘記自己想說的話。

在我與高階主管團隊合作的過程中，我開發出一種簡單的技巧，可以幫助你更有效地聆聽，我稱之為邊欄筆記（Margin Notes）。也許你在開會時本來就會做筆記，然而，你仍可能落入中途打斷別人或還沒想清楚就開口的陷阱。邊欄筆記讓你可以思考，處理資訊，將討論點連結起來，並提出有深度的問題，而不是脫口而出你腦中第一個念頭。

要運用邊欄筆記，方法是使用一張有著寬邊的頁面（如果你是使用紙筆的老派作風，就在頁面中央畫一條直線）。在筆記的主體部分，記錄別人所說的內容，不必逐字抄寫，只需記下重點即可。如果你是使用人工智慧軟體來記錄會議，那麼邊欄筆記或許是你唯一記下的筆記。

當你對每個會議重點產生想法、批評、反駁和問題時，就記在邊欄。將它們寫在邊欄，便能區隔你自己的想法與別人的說法。這種做法會讓你名符其實地將自己的聲音擱置在一旁，騰出空間來傾聽他人。

舉例而言，你的邊欄筆記可能像這樣：

| 邊欄筆記 | 會議討論 |
| --- | --- |
| 奧利佛似乎更想列出 X 的所有益處，而不是正反兩面。 | 需要決定我們是否要進一步投資 X 專案。 |
| 哪些專案的績效持續落後？ | 如果我們要繼續推進 X 專案，便得決定哪些事項不會再做。 |
| 蘇妮塔（會議主持者）讓傑克講個不停，是因為她要蒐集更多資料，還是她只想避免衝突？ | 傑克插話，講述他的專案的優點。 |
| 大家都在保護自己的地盤。我們要如何推動他們朝向一個共同目標？ | 尤瓦爾談到他的部門主動做出多少削減。 |
| 大家似乎不是在為自己遊說，就是在徵詢蘇妮塔的意見。他們彼此間不交談。 | 克里斯詢問蘇妮塔的意見。 |

### 閉嘴練習：找出你的插話提示

當你認為某人犯錯的時候，你是否會企圖說服他？當你腦中閃過一個笑話，你是否想要趕緊說出，以免錯失時機？開始記錄你的插話習慣，注意你衝動插嘴之前出現的提示。是感到一絲不耐煩，「對啦，對啦……我了解重點」？還是你覺得對方偏題了，而你有更好的解決方案，所以心煩氣躁？

有一個避免插話衝動的實用方法，就是設計一個實際的提醒動作，以鍛鍊你的閉嘴肌肉。例如，坐著時，將一隻手壓在腿下，或者當你在開線上會議，就將自己設為靜音，因為等你要解除靜音時，那股衝動通常已經過去了。

### 專業祕訣：用三個字來粉碎口頭扼殺

唐娜回憶起她與我諮詢時的心得，她說：「我學到可以扭轉局面的三個字：『謝謝你。』」

「再多說一些。」我用了我最愛的一句話。

她說：「我學到，在會議上，當人們給我回饋或反對意見，或說些我不完全同意、甚至想立即反駁以提供更多資料的話語時，我最好是簡短回答：『謝謝你。』這可以阻止我用自己的邏輯去扼殺別人，我可以變得更有效率，而不必永遠是對的。」

這是一個有力又簡單的方法，用以掌握鍛鍊閉嘴肌肉的技巧。

## 閉嘴練習：重述談話以保持專注

練習專注的一個方法是在你說話時，將焦點放在他人身上。給自己一個任務，重述對方剛剛說的內容，你可以用這樣的開頭：「所以，我聽到你說的是……」或者「讓我重述我剛才聽到的，以確保我有正確理解。」這種回應方式可以聚焦在發言者身上並建立起善意，因為他們會聽到你真心想要了解他們的想法，而不是搶走對話的主導權。這亦有助於釐清潛在的溝通誤會。

## 專業祕訣：鍛鍊閉嘴肌肉的五個好時機

一、當你聽見自己一開頭就說「想當年」或「在我以前的公司，我們……」。

二、當你注意到聽眾有任何恍神放空的徵兆，例如：滑手機、不停點頭卻沒有提問或評語。

三、當你必須向同一群人重複相同的解釋。

四、當你發現自己正在打斷別人說話，你可以馬上改口說：「抱歉，我打斷了你說話，請繼續。」

五、當你在開會時提出一個問題，卻沒有人馬上回答時。

當你發現自己重複了剛才說的話，只因為你認為會議上的某個人沒有理解，這個重述話語的方法亦能派上用場。你不必浪費力氣再講一遍重點，而是可以要求某人重述他剛才聽到的話。這可以減少你的發言，同時提醒他人專心，因為他們可能會被點名。這能讓你和其他人都轉而聆聽與投入，而不必過度解釋、即席說教或互相搶話。

### 微習慣：閉嘴肌肉

每天一次，當第三個發言的人、重述別人的話語、使用邊欄筆記，或是提出問題，而不是立刻插手解決問題。

### ※個案研究：閉嘴肌肉的真實案例

我每年會為一家《財星》五十大企業舉辦三次策略研討會，每次都會有十二名不同的副總裁分別帶領由七到八人組成的小組，每組被指派解決一項商業挑戰。我會特別叮囑這些副總裁不要提供任何答案，我告訴他們，他們的任務是將椅子拉得離桌子遠遠的，並觀察團隊內的互動動態。策略是如何形成的？他們是怎麼得出結論的？又是怎麼達成共識的？副總裁們可以提出釐清性的問題，除此之外不能再多說。

在一次研討會結束後，其中一名副總裁——暫且稱他為安迪——目瞪口呆地驚嘆這項練習所帶來的突破。在業界打拚了二十五年，他第一次意識到自己過去只關注團隊例行的PowerPoint簡報，而不是像那天在研討會上所經歷的，觀察團隊達成結論的過程。結果，安迪針對他主持幕僚會議的方式做了全盤改變。他會在開會中途停下來，詢問與會者覺得會議進行得如何，以一到五分來打分數。接著，每個人也要用一到五分來評估自己對參與程度的滿意度，以及該怎麼做才能得到五分。

這種反思時刻使得他的會議更有效率，也開啟了溝通管道，讓每個人都對會議內容和成果有了更多責任感。安迪發現，以前唯有在會議主題跟自身工作有關時，團隊成員才會投入。現在，每個人都必須對所有內容負責，自然就變得全神貫注。他們也學會加強彼此的協作，例如，當有人在會議中難以發言時，便會有其他人主動邀請他加入討論。部門之間的溝通變得更為順暢，用更少的時間就能更容易達成共識。

## 溝通斷層線 #4：聖人開示

在《創意黏力學》（*Made to Stick: Why Some Ideas Survive and Others Die*）中，奇普．希思（Chip Heath）與丹．希思（Dan Heath）提到史丹佛學生伊莉莎白．紐頓（Elizabeth Newton）所做的實驗：參與者被配對為兩人一組，其中一人敲擊手指演奏一首耳熟能詳的歌曲旋律，另一人則負責猜歌。結果顯示，敲擊者大大高估了自己的敲打被猜對的機率。敲擊者預測的成功率為五〇％，但猜歌者在一百二十首歌曲當中只猜對三首，相當於二％的成功率。這正是所謂「知識的詛咒」（the curse of knowledge）。

知識的詛咒是在一九八九年由經濟學家柯林．凱莫爾（Colin Camerer）、喬治．羅文斯坦（George Loewenstein）與馬汀．韋伯（Martin Weber）共同提出，這個詛咒會直接導致我稱為「聖人開示」（Sage Speak）的溝通斷層線。當我們受到知識的詛咒時，往往會假設他人與我們有著相同的知識與理解程度，所以我們不會費心解釋核心基本概念（或者在別人「搞不懂」的時候挫折不已），這在經驗越豐富的人身上尤其常見。如果你以為自己不會有這種毛病，試試看教導學齡前兒童認識英文字母吧。我們對於自己熟悉到不假思索的事情，往往已經處於無意識的熟練狀態（unconscious competence），就像每天的通勤一樣：我們出門，等到一回神的時候，便神奇地出現在辦公室。我們不必思考，也不必分解成每個步驟，只是很自然地完成了。

當經驗加上資深，這種無意識的熟練狀態便可能成為問題。由於我們早已十分熟悉，並習慣用簡化的方式思考，術語便滔滔不絕，尤其是用字母縮寫或者空泛發言（「我們的目的是讓客戶滿意」——嗯，誰不是呢？），或是給出模稜兩可、山頂聖人式的指示（「一加一等於二……現在去實現吧」）。藉由宣示這些神聖的知識與階層地位，我們相信自己會顯得更有學問、更能幹，也更獨特。但事實正好相反；我們留下了一群霧裡看花的員工，不得不在聖人開示、沒人敢問個明白之後召開許多會議，團隊成員來回爭論著誰才正確解讀了老闆的要求。

波丹是聖人開示的典型案例。「讓他們想通需要做些什麼，有那麼困難嗎？」他痛罵。我安靜地坐著，聽他繼續講：「他們不停帶著新的計畫草案來找我，每一次，我想要的都不在裡頭。」

波丹在業界以專業知識聞名，卻與他的團隊完全脫節，團隊成員仍位於職涯的初期階段，還沒有像他那樣的知識深度。波丹無法清楚表達他想要的；當他看到他不想要的東西時，只能氣到顫抖。此外，由於波丹對於準備他的下一場重大演說感到壓力很大，他不想要「紆尊降貴」去了解下屬的顧慮或傳達他的想法。相反地，他花時間召開許多會議，對團隊咆哮說他們完全沒抓到重點。當然，讓團隊抓到重點的最快速方法，便是由波丹講清楚。

波丹和他的團隊陷入了我同事麗茲所說的「搬石頭」練習。老闆吼出一項命令：「去停車場給我拿一塊石頭來。」團隊衝出去尋找最閃亮、最光滑、最大塊的石頭，他們仔細清洗打亮，還用漂亮的PowerPoint檔案包裝好，再呈送給老闆。老闆卻咆哮道：「這不是我要的石頭，你們有在注意聽我們之前談過的東西嗎？去給我拿正確的那一塊來。」團隊成員雖然沮喪，但仍堅定不移，又衝到外頭去挖掘不同的石塊，這次不是閃亮光滑的，而是笨重、有斑點的。他們沒洗掉石頭上的泥土，想保留那種斑駁感——畢竟，這風格跟老闆辦公室的櫃子很搭——或許那就是他要的？這回，老闆在咆哮與哀求之間來回跳躍：「拜託饒了我吧！這裡難道就沒有人懂嗎？拜託這次給我一塊正確的石頭。」團隊如今感到絕望又淒涼，仍然搞不清楚好石頭的標準是什麼，只能不停重複找石頭——要不就是碰巧矇對了、要不就是氣得將石頭砸進櫃子裡、要不就是被炒魷魚。

當我們不願停下來，讓自己說的話對聽眾「有意義」，我們便創造了蕭伯納所說過溝通中最大的問題：以為已經溝通過了，其實根本沒有。

### ※打破知識的詛咒：瑪姬的故事

身為科學家與臨床實務工作者，在讀書時期與職涯初期，我因為擅長複雜概念而獲得酬賞。這在當時對我很有幫助，但當我前進到更高層級的領導職位之後，我發現自己開始四處碰壁。我會提出想法及計畫，卻只換來一片沉默或要求解釋的回應。這使我很沮喪，也拖慢了進展。

與莎賓娜商談的過程中，我開始更能理解團隊之間相互了解的重要性。職涯初期，我參與的團隊通常是由相同專業領域的人士所組成；我現在的團隊成員大多數則是來自不同領域的人。我的價值不再是探索我專業領域的細節及複雜性，而是找出簡潔方式來總結我的獨特觀點，以求取更大的組織成功。為了成為新團隊中最有效率的一員，我需要重新評估自己的溝通方式。

關鍵的第一步是重新設定我根深蒂固的酬賞系統。我的目標不再是證明自己學識淵博；相反地，我的焦點從職業上的成就感，轉移到團隊的整體成功，而這需要團隊成員的相互理解。看到他人產生「原來如此」的領悟，那種時刻成了新的酬賞。

接著，我必須嚴格審視自己在訓練過程中深植心中的語言和術語。要培養專業能力，便需要學習一門新語言，才能讓你加入某個「俱樂部」。在某些層面上，俱樂部的會員身分很重要，但這亦構成了阻止別人進入的門檻，進而保護這項專業的地盤。這是跨部門團隊合作的一大阻礙。如今我會檢討自己的每一次溝通，盡可能將資訊轉化為通用語言。

## 溝通斷層線 #5：過去經驗的分水嶺

崔維斯是美國滑雪國家隊的前任國手，囊括多項獎牌。退役之後，他接受了一份工作，成為一家專門服務高檔客戶的山區度假村的首席滑雪教練。他的工作是督導一支由滑雪教練組成的團隊，這些教練負責一對一指導滑雪學員。滑雪學校近年來營運不善，崔維斯受聘將這十二名教練打造成為一支更具凝聚力的高效能團隊。

毫不誇張地說，崔維斯是所謂的新官上任三把火。在金牌得主的名聲加持下，他確信自己知道提升新團隊卓越標竿的正確方法，而且動不動就提起過往經驗。每當他指導任何事情，包括如何保養器材、如何訓練新學員，他開口閉口都是「我來告訴你們，我們在奧運受訓時是怎麼做的」或「在滑雪競賽中，我們會……」。他領導新團隊的方法主要是仰賴以往的成功，他相信自己因而具備經營滑雪學校的獨特見解。

一方面來說，豐富的經驗確實很寶貴；另一方面，沒有人真的想要聽。這好比你在約會時，對方不停談論前任對象一樣令人反胃。

這便是第五項溝通斷層線：過去經驗的分水嶺（Past Experience Divide）。

人們想要知道你願意**先**花時間了解他們本身、他們的環境和他們的背景，而你或許也希望這麼做。了解他人是同理心這項領袖技能的基石。同理心已證明能夠增加信任、激勵員工，以及提升表現。研究顯示，高達七四%的員工表示，當他們覺得自己的聲音被聽見、自己的價值觀得到尊重，在工作上就會更有效率。

當你新獲聘任或升職，上任三把火、重提當年勇，等同死亡之吻。

你的團隊會感覺被貶抑、被漠視。你或許是因為資歷而受聘，但你不能總提當年勇。你的每個團隊成員同樣有豐富經驗，也能貢獻智慧。由於崔維斯掉入權力鴻溝，因此沒有看到教練們面面相覷，心想著「他又來了」。

崔維斯的行動在他自己看來完全合理，他打算透過新角色帶來專業知識與卓越表現，讓滑雪度假村的教練們盡可能成功。他早已擁有贏得獎牌的配方，為何還要浪費時間從頭擬定策略？剪下、貼上，再為配方貼上一個新標籤，度假村就能成為另一名獎牌得主。

每項產業的高效能候選人都是基於過往的績效紀錄而被招募，因此，他們在剛進來時自然想要證明自己是合適人選，將他們以往職位所用的高效方法應用在新角色上。他們想要快速致勝以建立聲譽。由於尚未充分掌握背景環境、新文化的細節，或是內部關係，他們必須設法解決不足之處（及其導致的不安全感）。那他們是怎麼做的？他們藉由炫耀自身信譽以及有力的外部經驗與人脈，來弭平競技場上的差距。他們的本意可能是想表達「聽著，我知道如何解決這件事」、「我們可以這麼做，幫助大家達成目標」，但在別人聽來卻像是「我知道所有答案，我不需要浪費時間了解你們的環境或好奇你們已經掌握了什麼」。在那一瞬間，他們從提供新主意與致勝觀點的主管，變身為輕率地無視團隊知識與經驗的混蛋。糟了。

具備專業學識？好極了。如今你已飛上枝頭，而你需要等量的信心與持續的好奇心來發揮價值。

## 溝通斷層線 #6：未說出的訊息

專家對於非語言溝通在整體溝通中所占的比例仍有爭論，但大多數人同意超過五成。哈佛醫學院精神病學副教授暨《我想好好理解你》（*The Empathy Effect*）一書的作者海倫．萊斯（Helen Reiss）設計了一套訓練課程，幫助個人與機構增進具同理心的溝通技巧。她列出了七個關鍵要素，其中五項屬於非語言溝通：眼神接觸、臉部表情、姿勢、情感，以及音調（另外兩項則是完整傾聽對方，以及你對他人情緒的回應）。這些（有意或無意的）非語言表達可能會傳遞各種意義，像是「哇，你做得太棒了！」或「你說的話讓我無聊到想用叉子戳瞎我的眼睛」。你沒有說出口的話所傳遞的訊息，也可能產生強大的影響，將溝通斷層線變成全面爆發的地震。

我在舉辦領導力工作坊時會進行一項實驗，以證明人們會多麼深入地解讀權威人士的臉部表情。光是擔任課程的帶領者，我在出席者的心目中便占據了權威角色。第一天午餐時間過後，我回到教室裡（若是視訊會議，就是在鏡頭前），站得直挺挺的，不說話，面無表情，靜止不動。一開始只是出現輕微的騷動，有些人臉上露出略為困惑的表情。隨著時間一分一秒過去，這些輕微的不安變成明顯的坐立難安，而原本的困惑也變成疑問、不耐，甚至彼此使眼色與聳肩，並低聲討論：「她到底在幹麼？」我依然只是站著不動。最後，終於有人打破沉默，各種猜測紛紛出籠。「莎賓娜看起來對我們有點不悅……或許她在暗示這個工作坊進行得不順利。」、「我剛剛好像看到她點了一下頭……或許她是在表達我們不是好聽眾……？」

然後，幾乎就像被下了指令一樣，他們開始以微妙的方式彼此指責起來。「或許她是想要告訴我們，先前李冬質疑她的方式不太好……」、「我們應該在下午兩點入座／上線準備好；我想她在生氣只有少數幾個人準時……」、「瑞秋沒有打開她的鏡頭，或許這就是問題？」

當然，我沒有想著任何一件事。我的重點是權力運作如此深入，人類會本能地將主管的非語言溝通解讀為負面暗示——即便是面無表情——他們的原始天性尖叫著：「這個老大不喜歡你！」

根據我與難相處之人諮詢的經驗，引發憤怒、造成挫折與打擊員工士氣的負面互動，大多不是來自惡意、權力操弄或心理戰，而是純粹擦槍走火。人們覺得事情是在針對他們個人，但對方其實完全沒有那個意思。這並不是說沒有人是壞蛋，而是大多數意外的根源——及其解決方案——是在別的地方。

思考看看下列情境：星期五早晨，你準備進辦公室，行銷總監傑瑞正在等電梯。

「早安，傑瑞，」你說，「這個週末有計畫嗎？」

傑瑞啜飲了一口咖啡，面無表情，也不回話。**搞什麼啊？**

「我要去看新上映的漫威電影，」你接著說，試圖打破不安的沉默。傑瑞斜眼看你，聳聳肩，不發一語走入電梯。**他剛才絕對有聽到我說話，真是混帳東西！是因為我還沒有回**

**覆他那封電郵嗎？**

雖然進公司時心情很好，但你現在一整天都會為了傑瑞的藐視而一肚子火。你想要集中精神，但那一幕不斷啃食著你，像蚊子叮咬般使你發癢。你越去撓它，越是不舒服。**傑瑞到底有什麼毛病？事實上，這家公司到底有什麼毛病？我再也無法忍受這種爛事了。**

我不想跟你實話實說，但傑瑞根本不在乎你的週末計畫。話雖如此，他也不是內心記恨著那封電郵，更不是瞧不起你的娛樂取向。事實上，他上週已看過那部新的漫威電影，而且還很喜歡。你試圖進行禮貌性交談而傑瑞卻不回應的原因是，他根本沒有將你說的話聽進去。原來，傑瑞不是早起的鳥兒，直到他喝完第二杯特大杯美式咖啡，才能算是完全清醒。

唯我論（solipsism）瀰漫在我們所有的互動之中，作為人類，我們往往會高估別人對我們的關注程度。在不了解傑瑞與咖啡因的重要背景之下，你不由得發火，因為他沒有禮貌地回應你，這是人之常情。然而，若你明白傑瑞嚴重依賴咖啡因以維持運作，就只會將他的無視當成他的腦袋還沒清醒而已。更加了解傑瑞的性格與偏好之後，你便會正確地看出他的沉默是因為還沒清醒過來，而不是敵意。或者說，即便是敵意，也不是針對你；傑瑞或許是那種痛恨太陽升起的人。不必異想天開地試圖閒聊，而是給傑瑞一些空間，自己則趁搭電梯時規劃今天接下來的行程。

隨著時間推移，同事之間會逐漸熟悉彼此的怪癖，長時間在同一個空間裡共事，大家自然而然會產生默契，這可以緩和不悅並減少誤會。然而可惜的是，商業世界急速運轉，我們往往需要與不甚熟悉的人在高風險、高壓力的情況下共事。這就像是沒讀使用說明書，便急著操作電動工具來修理東西：非常容易傷到自己，也可能損壞物品。

如果你有一份關於他人偏好與忌諱的地圖，與他人相處時就會容易得多。同樣地，你大可假設你有時候也和傑瑞一樣我行我素而不自知，無意間傷害了他人的敏感自尊心。那麼，與你共事的地圖在哪裡呢？下列工具可以用來繪製地圖，以減少雙方因誤解而產生的挫折感。

你不是晨型人，思考時會皺眉，總的來說不是很善於表達——這一切完全沒問題！你不必改造性格，只需要轉移到更具生產力的框架，而不是削減性的框架。我們想要讓你的團隊明白你的運作方式，以及如何與你好好共事，以便讓你的能量、行為和生物節律對你產生助益。

在成本效益分析之下，揭露你的內心地圖，意味著你將損失一些高階地位所提供的隱私。放棄那種距離，一開始或許令人不安。就本質上而言，使用任何工具來縮短距離，表示你得放棄一些獨特性及神祕感。但是，你並不是揭露內心深藏的祕密，而是幫助澄清你的團隊已察覺到的性格表現背後的原因。當你分享這些訊息，可以增進你與團隊之間的信賴，並提高有效溝通的機會。當團隊成員不再浪費寶貴時間與精力來研讀你的心情，你也將重新獲得大量生產力。透明度與更好的溝通可以建立信任，有助於減輕你的（與他們的）挫折感，並增強你的生產力。你促進了更好的理解，使團隊產出更優秀的工作成果，與你建立起更好的關係。

## 繪製地圖的工具：如何與你好好共事的客製化指南

每當發生下列產生誤會的情況，就能使用繪製地圖的工具，這些情況是你需要釐清你的非語言溝通的寶貴線索：

- 他人不正確地詮釋你的話語或行爲
- 你認爲你的個人界線遭到冒犯
- 你的期望沒有實現，而你不確定原因
- 對於未能實現的期望，你聽到令人意外的回答，比如「我以爲那是你想要的」或「我感覺你……」
- 你聽到關於你的評論並不正確

繪製地圖是向部屬解密未說出之訊息的最直接途徑，這能為你的團隊提供明確指引，讓他們了解你的工作風格，以及如何與你好好相處。

## 付諸實行

繪製地圖的程序分為兩部分，包括釐清你的個人地圖座標，然後繪製出來給那些無法直覺明白你的想法的人。

## 第一步：畫出你的座標

首先列出構成你的個人地圖的要素：你的節奏、步調、表達方式、怪癖、學習風格、處理日程的方法，諸如此類。由於這些是我們的預設模式，我們通常不會花太多時間有意識地檢視它們。我們往往假設別人會像我們一樣思考和行動，直到被斷然推翻。與其讓大家猜測你要什麼或你的意思是什麼，然後在他們搞錯時予以指責，不如學會清楚表達你的非語言暗示。

為了理解自己的習慣，不妨由下列提示著手：

- **肢體行為與舉止**。你有什麼習慣？你想事情的時候會皺起鼻子或閉起眼睛嗎？你經常嘆氣嗎？你嘆氣時是什麼意思？你放鬆臉部時，是否常常比腦中想法更爲嚴肅，或者相反？你是不是不喜歡握手？來自不同文化的人們對於笑容、眼神接觸、身體距離等等有著不同標準，絕對不要假設人們知道這些差異，而是要清楚地說出來。

- **精力與心情**。還記得傑瑞與他的咖啡嗎？我們都有自己的節奏。你的節奏是什麼？你是早起的鳥兒還是夜貓子？想想你一整天的精力與注意力波動，其他人該如何運用這項資訊來讓你發揮最佳表現？
- **溝通與界線**。你的最佳學習方式是什麼？分項條列重點或是成篇故事？你是否會覺得談論私人細節太過親暱，或者你習慣先閒聊一下再切入正題？下班後若發生緊急事件，要怎麼聯絡到你？緊急事件的定義是什麼？你緊張的時候是否會語無倫次？人們是否應該和你溝通一個明確的截止期限、有助你全力以赴，或者你比較偏好被提醒？他們應該預期你的回覆時間是多久？
- **性格**。你是需要獨處時間來消化思緒，才會參與對話的內向者嗎？還是在討論全局之前，喜歡深入了解數據和事實的細心型人格？又或者你是天生樂觀的人，聽到別人氣餒的語氣就會皺眉？回想那些挫折沮喪或興高采烈的時刻，以及觸發這些情緒的原因，有助你了解自己獨特的個性與風格。
- **思考與解決問題**。有些人偏好獨自思考；有的人則更習慣與別人交流意見。一些人喜歡在白板上畫圖；其他人則需要具體案例才能理解抽象原則。有些人習慣規劃；

其他人則偏好即興發揮。許多人會拖延；更多人則是在事情完成後還在東改西改。你屬於哪一類？

- **幽默**。你習慣玩笑話及俏皮話嗎？你是否偶而會過度挖苦人？你認爲有的時候不適合幽默？

**專業祕訣：徵求人們對你的座標提供意見**

為了更加明瞭你的個人作業系統及非語言怪癖，以及你或許不知道的節奏，不妨詢問朋友與家人的意見。除了知道你真實本色的人之外，還有誰能提供這些意見？

## 第二步：為他人繪製你的地圖

第二步是將那些構成元素化為一張實用地圖，以協助你的團隊了解你的工作方式。我們思考與做事的習慣在自己看來很明顯，但在他人眼中往往並非如此。根據我的經驗，化暗為明可以消除大量的緊張氛圍。

完成你的習慣清單之後，畫出第二欄，寫下你希望藉由每個你標明的性格元素傳達何種訊息。這將給予你和你的團隊明確指引，以預防衝突發生。本書囊括了許多你認為是常見怪癖的行為，因此你可以詳讀這本書，著重尋找針對第二欄內容的簡單解決方法。

舉例來說，你的地圖看起來可能像這樣：

| 個人座標 | 效果／行動 |
|---|---|
| 我思考的時候會皺眉。 | 當有人向我推銷一個點子，或是要討論一個我需要考慮的問題，我會讓他知道我習慣皺眉，他才不會誤解為不屑或無視。如果我需要想一想，我會先感謝對方的意見：「你提出了一個重點，讓我想一想……」 |
| 我到了傍晚便耗盡精力（及／或耐心）。 | 我會讓團隊知道我偏好將重要會議安排在早一點、我最能集中精神的時間。 |
| 我不喜歡一心多用。 | 我會讓團隊知道，如果我將他們的來電轉到語音信箱，請不要覺得被針對；這表示我正集中精神在其他事情上，等到我能專注於他們的需求時會盡快回電。 |

| | |
|---|---|
| 我在深夜時工作效率最好，所以我常常在那個時段寄出許多電子郵件。 | 我注意到我的偏好造成了焦慮，因為我的團隊覺得他們必須在下班時間回覆或隨傳隨到。為了緩和焦慮但不更改我的個人生物節律，我會設定電郵伺服器延遲寄出，在翌日早晨送出訊息。 |
| 如果一開始我不清楚你想要什麼，我便很難集中注意力。 | 我在那些情況下看起來很煩躁，因為我確實很氣惱。為了避免這種事，我會說：「我們能不能暫停一下，你可以補充說明你在這次討論中希望達成的事嗎？這樣我在一開始就能知道，聆聽時便會牢記在心。」 |

這些分類沒有絕對的正確或錯誤的方式，你繪製地圖的唯一目標是避免非本意的溝通斷層線。更有效率的合作方法，是清楚表示自己的傾向，並協助身邊的人更加了解你是什麼樣的人，而不是試圖改變你自己，抑或更糟的，試圖改變別人。

**※繪製地圖的真實案例：朱塞佩的故事**

身為一間新機構的新領導人，我有許多需要學習的。我的主管建議我花時間建立自己的領導班底，同時修改領導架構以更加符合我們組織的需求。於是，幾乎整個管理團隊都是新上任的人，有些還是首度擔任管理職。當我們開始共事，每個人顯然都有自己的溝通風格。我們面臨的挑戰是凝聚為一支團隊，朝向共同目標，找到最有效率的方式與彼此溝通。

我遇到的挑戰是，領導者們在大型集團會議中提出爭議性話題，卻不先知會我一聲。其他人也在摸索他們的職責範圍，這導致了一些界線衝突。現在似乎是召集團隊舉行異地會議的好時機。莎賓娜和我一起設計了一項計畫，想要在團隊成員之間建立和諧、連結及信任。

我們使用繪製地圖工具來討論個人喜好的工作風格，包括我自己的。隨著每個人向大家報告自己的工作風格，底下出現許多「啊，原來如此！」的點頭附和。我們知曉了某人不喜歡看很長的電子郵件，某人喜歡打電話或傳簡訊，某人需要有關一項專案的所有背景資料。我們看到某人在工作之外被要求投入時間與注意力而疲憊不堪，某人不喜歡被干涉，某人需要更多面對面的時間。最重要的是，我們都更深入地了解彼此。

這項工具給了我們團隊一個方法，對彼此坦誠溝通工作風格與偏好，我們大多數人甚至不曉得其他人會有不同於自己的工作方式。兩年後，我們團隊合作良好，有許多交流、合作和創意的激發。雖然團隊偶而還是有一些溝通問題，但我們現在有了共識和共通語言來討論發生的問題。我們的領導團隊漸趨成熟團結，一同努力追求組織利益。

**微習慣：繪製地圖**

- 每天一次，明確說明一項非語言信號與你的意圖之間的關聯，例如：「開視訊會議時，我低頭是為了寫筆記」或「我想事情時會皺眉，而你給了我很好的思考素材」。
- 請別人澄清他們自己的地圖：「我注意到你皺眉，有什麼我可以澄清的嗎？」

## 溝通斷層線 #7：未校準的擴音器

正如你所知道的，身為主管，你隨便拋出的每一句話都擲地有聲。你的「也許」會被解讀為「絕對」。「我喜歡這個方向」變成了「批准」。一句無心的提問：「你怎麼會這樣想？」導致你的團隊認為他們需要全盤推翻他們的做法。

有時，想要傳達的訊息與接收到的訊息之間的斷訊，直接指出我所謂「未校準的擴音器」（Uncalibrated Megaphone）的溝通斷層線，你的話語被接收到的音量大於（或小於）你想要的程度。這可能令你的下屬感到困惑、引發他們的焦慮，或削弱他們好好工作的能力。既然你對於成功的新定義是幫助人們成功，你便能明白為何適度的音量調節對所有參與者來說如此重要。

以美依的故事為例。在她的主管圖安對她說「你可以發揮更多影響力」之後，她胃痛了一整晚。接下來的一星期，她焦慮不安、難以專心，懷疑那句話是在暗示她的工作快要不保了。最後，美依決定安排一對一會談，請圖安進一步說明。

「你是指多五％的影響，還是九〇％？」美依劈頭就問。

據美依事後向我重述，圖安看起來嚇了一大跳，他沒有想到他的那句話竟造成九〇%的力道，導致如此大的壓力。他馬上向她保證：「你做得很好，美依。你是個策略性思考者，我希望你考慮更多專案，發揮你的策略性思考力，為我們的財務收支帶來更大的影響。」他澄清比較接近五%，但已足以推升美依，讓她得到更高的能見度，有助於她未來的升職。

由於權力運作的複雜性與我們天生對權威的反應，你的團隊勢必會聽到更多負面訊息，而不是正面的；他們容易認為事情是針對個人，甚至小題大作。如果當時圖安是說「就一到十分來看，你已經是十分，現在我們來想想如何讓你達到十一分，增進你的影響力與能見度」，那麼他的原意就不會產生反效果。美依原本可以將那一整週的精力投入於籌劃如何達到十一分，而不是因為憂慮與羞恥造成「杏仁核劫持」，導致專注力與生產力低落。

你或許沒有意識到，你的細微動作具有巨大影響。你在忙碌的時候，可能沒發現你在下指令或給回饋時模稜兩可，導致釋放矛盾的信號，有損生產力。以下介紹的評分工具可以迅速有效地解決這些問題。

## ※評分：字字斟酌

每當發生下列情況，代表你可能遇上了「未校準的擴音器」溝通斷層線，你可以使用評分工具：

- 你與部屬產生衝突或誤解
- 團隊成員不聽從你的指示
- 你不相信團隊了解某件事的影響（例如他們沒有給予適當的重視與時間）
- 你的期望沒有實現

評分工具是一名同事於數年前跟我分享的，有助你校準你的話語和溝通方式，讓你說的話達到你期望的影響力與緊急程度。

「評分」的動作，意味著你的評論要有針對性與明確性，並展露你感受的強度。藉由替你的反應或要求賦予適當的背景與分量，可以減少誤解的可能性，亦能讓團隊成員更了解你的思考過程。如此一來，你將更有意識地進行這些交流，而不是任憑員工臆測你是什麼意思或者你在想什麼。你的團隊將會感到被重視，而不是被重挫。

花個三十秒向員工說明你的評論在一到十分之間的尺度等級，便能大大降低誤會的機率，並在生產力上帶來成倍的回報。

## 付諸實踐

評分工具是使用一到十分的簡單評分系統，讓評論、要求或回饋貼近背景環境。以下是使用這套系統的四種方法：

**一、針對一項任務的緊急性或重要性，你可以這麼說：**

（一）以一到十分來說，我會說這項任務的重要性是＿＿＿分。

（二）這項任務的緊急性是＿＿＿分。你可以在（日期／時間）之前交給我嗎？或者，你何時可以交給我？（詳情請看下列第四點）

（三）就粗略草圖 VS 精美完成品而言，這是＿＿＿分。

**二、關於你對某件事的感受有多麼強烈，你可以說：**

（一）以一到十分來說，我認爲這個問題是＿＿＿分。

（二）我對這件事的興奮／關切程度是＿＿＿分。

（三）你從我聲音裡聽到的確定／猶豫，或許沒有準確反映我的感受；其實我對這件事大約是＿＿＿分的把握。

**三、你欣賞或希望某人調整努力的程度，當你給予回饋時，可以明確說出：**

（一）以一到十分來說，你對團隊及／或對我的價值是＿＿＿分。

（二）我會說我對你表現的擔憂程度是＿＿＿分。

（三）你已經是＿＿＿分；我希望你達到＿＿＿分。

**四、為了理解他人的感受，不妨請他們評分。例如：**

（一）以一到十分來說，你對於準時達成我設定的時程表有幾分信心？

（二）有關我對於你的表現的評鑑，你有幾分同意？

（三）你對於我分享的方針有幾分程度的理解？

這項工具的成功關鍵在於你的評分系統必須保持一致。如果你替一項任務的重要性打了七分，要註記其理由。你對七分的期望是什麼？你的評分越是一致，你的團隊就能越快充分了解你的意思，以及你對每個分數的預期。

如果你對每件事都打超高分或超低分，就要特別注意了。例如，若你馬不停蹄地推動一項又一項的任務，你或許是在超速運作，想也不想就對每件事的緊急性打十分。如果你天生是個照護者（詳情請參考第十一章），你或許習慣性為任務的重要性打低分，只因不想讓你的團隊過度操勞。想要被人喜歡的渴望，會促使你低估批評性回饋的分數，因為你不想要傷害某人的情感。你應該懂了：重點是盡可能客觀地打分數。

### 微習慣：評分

- 每天一次，與其給出簡單答案（「那很不錯」或「尚須改進」），不如清楚說明你透過評分系統的回應（「以一到十分來說，這是九分」或「這是五分，需要在X部分多努力，使其達到七分」）。
- 用評分系統提出問題。以一到五分來說，這件事對你有多重要？從「完全不在乎」到「對我非常重要」，你自己的感受如何？

### ※修補溝通斷層線：薇拉的故事

我堅信透過腦力激盪與討論不同觀點，才能達成最佳結論。我以前的方法是召集團隊，主動評論他們提出的議題，並提供我的觀點與我認為他們的建議所面臨的考驗。和我共事過一陣子或熟悉我的人都知道，我樂於接受挑戰；如果他們提出更好的主意，我也願意改變自己的意見。新成員或者不是那麼坦率的成員則認為我作風獨裁，對他們發號施令，實施微管理。

接受教練諮詢後，我改變了做法。現在我出席會議時都抱持著開放心態，沒有預設立場。我確保自己至少是第三個發言的人。為了管理我的焦慮（因為有時我已經得出結論，但其他人還在討論），我會寫邊欄筆記，加上其他成員提出的好點子。等我準備好發言，我會先重述我寫下的一些東西，例如「約翰，我覺得你的主意很棒」，接著我會提出開放式問題，例如：「你們對……有什麼想法？」或「你們會怎麼……？」同時點名在場的每個人，確保他們皆參與其中。

我後來漸漸了解，如果你是屋裡最高階的人，無論你說什麼，都會被視為必做的指令，而不是單純的意見。於是，我使用這種修正過的方法來引導團隊，讓他們發揮最佳表現，感受到自己被傾聽，最重要的是，他們知道這個決策是由他們共同做出的，這會讓他們對未來的工作更有責任感與投入感。

第8章

# 破解特例的迷思

艾力克斯二十八歲時，為他任職的電影公司所創造的收益與好評，已多過公司史上任何一名高階主管。因為他炙手可熱的地位，辦公室裡的人願意忍受他的奇特怪癖。我說的奇特，其實是討人厭。每天早上，艾力克斯會從助理的辦公桌上抽走當天報紙，消失在廁所半小時。等他出來時，他會隨手將報紙甩回助理桌上，那些報紙現在顯然一點都不乾淨了。艾力克斯還有個噁心的習慣，他會用手抓食物，不管是炸薯條或雞胸肉，然後他會舔手指。如果有人走進他的辦公室，他會跟他們握手。

隨著時間過去，艾力克斯帶來並賺進更多、更多的錢，但他的怪癖有增無減。他仗著自己的身分，在員工餐廳要求最好的桌位、不洗澡就出席會議、駁斥同僚的意見「愚蠢」，而這些都只是他的怪癖的其中幾例而已。

接下來的故事呢？如同許多高地位的成就者，艾力克斯將**卓越**與**特例**混為一談。卓越是締造傑出的成果，艾力克斯確實做到了這點。然而，特例是認為規則不適用於自己身上。在艾力克斯的案例中，就是基本衛生與禮儀的規則。其他那些認為自己是特例、沉浸在自己神話中的主管，最終常常成為新聞頭條：挪用公款、人際關係不當、發出最後通牒、大爆粗口，甚至還有更糟糕的。我不會在這裡講恐怖故事來娛樂你；只需搜尋「行跡惡劣的執行長」（CEOs behaving badly），很快便能找到數十起例子。在這個階段的職涯之後不久，我便與艾力克斯失去聯繫，但有鑒於這些行為一開始通常是小事，而後迅速惡化為重大犯罪和舉止不當，假使有一天發現艾力克斯陷入水深火熱的處境，我也不會感到意外。

特例論的核心是一種資格感，我指的不是《巧克力冒險工廠》（*Charlie and the Chocolate Factory*）裡的角色薇露卡．索特那種被寵壞、愛跺腳的權利（儘管有些案例確實如此），而是一種自己爭取到某些特權的感覺。要晉升到任何職位的更高層級，需要一定程度的犧牲與調適。我在擔任高層教練超過二十五年的時間裡，沒有一名客戶不曾錯過兒女的小聯盟或體操比賽、假期被迫縮短以處理緊急事件，或是為了重要專案而放棄睡眠時間。當然，財務報酬能夠補償這些犧牲，但絕對足夠嗎？未必。稍後我將解釋這整個系統悄然地繞著「我值得」（deservedness）的軸心而運轉。如同情緒培養皿，我們的薪酬與我們認為「犧牲理應有所補償」之間的差異，正是孳生資格感的溫床。

在讚美與奉承的保護牆的圍繞下，你很容易在權力鴻溝裡迷失。聚集在那些高階職位身邊的信眾們，總是告訴他們，他們值得那些特權。「看啊，你太神奇了……吃些餅乾吧！」當他們能取得的東西越來越多，他們的道德羅盤便歪斜了。當然，基於他們的地位，無人敢斥責他們拿走超過他們理應得到的餅乾，直到為時已晚。即使有人說過，但他們或許早已陷入「對啊，但是」的心態，因此視而不見。

搶餅乾的行為通常由小處開始。敲定一項專案後，用公帳報銷高級一點的餐廳，或是再喝一杯紅酒，「因為我贏得的」與「我值得休息一下，犒賞自己」。這有道理，因為隨著我們的責任加重，壓力也會增加。升遷過後，工作上會要求更多犧牲。有時候我們想要讓自己找到平衡，於是用公費多喝一杯紅酒，變成在外地會議結束後多住一晚高級飯店，即便如此，也不足以補償上個月無法回家為伴侶慶生。

導致特例論更為複雜的是，別人鼓勵並支持我們高升到特殊地位。我們升得越高，他們便不斷給我們更多非凡的報酬。我們得到風景更好的頂樓辦公室、可以會晤大客戶的高級俱樂部會員資格、大幅加薪或精心設計的獎酬架構，諸如此類。我們被包覆在特殊泡泡裡，怡然享受我們的地位。權力鴻溝不斷擴大，在我們一開始踏錯腳步時就會提醒我們的那個聲音消失了——嗯，你知道接下來會發生什麼事。

我個人認為，享受自己的勞動成果是很重要的。不然的話，你為什麼要那麼努力工作？但我要指出的是，享受你種植的成果，不等於你要開始從別人的樹上採摘。

組織心理學家梅瑞塔・維德—維德斯伯格（Merete Wedell-Wedellsborg）提到，有三項要素會孳生不合倫理的行為：

一、**無所不能**：主管相信自己比任何人或任何事（包括規則）更加強大。

二、**文化麻痺**：團隊已習慣主管的行徑，因為這些行徑是從略為奇異逐漸變得十分不恰當（想想炙手可熱的艾力克斯）。

三、**合理化忽視**：團隊沉溺於自我保護。畢竟，誰會想要因為舉報主管浮報公費，致使自己的薪資被扣減？

我並不是在暗示越線的主管是無辜的，但是，他們周圍的整體系統都是共謀。正如哈佛大學教授隆納．海菲茲與馬蒂．林斯基所說的，沒有所謂功能失調的系統。系統之所以存在，是因為可以透過某種方式滿足其中的每一個人——否則系統早已改變。

整體系統怎麼會成為共謀？只要主管締造高收益績效，其他人便願意假裝沒看到他講低級笑話，或者只因為咖啡不夠熱就痛斥助理。他們的高層或許會將他們送進禮儀學校，替他們報名高階主管教育課程或聘請溝通專家，希望問題會消失。要不然，他們也可以表現自己已採取措施來緩解問題。

許多公司只看見閃亮的外層，亦即關鍵成果，卻不想面對背後的事實。大量唯命是從的人，亦隔開了高效能主管與講實話的人。因此，領導人跌進好／壞的兩極思考模式。沒有人指正他們的行為，大家都說他們是好領袖，他們因而認為這表示他們可以我行我素，為所欲為。我們很容易將擔任上司（名詞）及高人一等（形容詞）混為一談。他們開始相信自己的公關形象，相信自己高人一等、所向無敵。

換句話說，他們相信能用「對啊，但是」來合理化他們的所有行為。

我們需要鼓起勇氣，保持適度謙卑，願意看見或承認我們已站在鴻溝邊緣，或者早已陷落其中。最大的徵兆是當你發現自己說出類似下列的話語：

- 「我辛苦工作，我值得這個。」
- 「高層的某人這麼做，所以我也可以。」
- 「我沒有時間（保存出差的所有收據……擔心人們的想法……那麼彬彬有禮……排隊等候）。」
- 「我犧牲了參加兒子所有足球比賽的機會，這是公司欠我的。」
- 「這裡沒有人比我對公司做出更多貢獻。」

這些想法使得特例迷思的行為火上加油，從第一次犯錯開始不斷累積，導致有毒的職場環境。當眾訓斥你的助理，就因為他忘記幫你的三明治加美乃滋，不僅會傷害他的自尊，亦讓他人明白你也會如此對待他們。沒有人想在有毒的職場環境中工作。這亦剝奪了團隊的生產力，因為人們紛紛專注於受傷的情感與自我保護，而不是做好工作。

你的能力或許很優秀，但依然不能忽略禮貌及倫理的基本規則。你可以是最優秀的人，但也要避開其所形成的「特例」與各種毒性盲目。沒有人會在為時已晚之前告訴你，因此你必須自我檢視。不過，你可以運用下列的「徵詢回饋」（Solicit Feedback）工具，尋求他人協助以提高你免於捲入迷思的機率。

### 專業祕訣：空有好意不算數

我太常聽到行為不當的主管不斷向我保證他們是出於好意，但是，用意並不重要，行為才重要。作為主管，我們會先假設你是出於善意。我總是告訴客戶，與其口頭宣稱你有多關心，不如用行動讓我們看見你的用心。正如同我們的價值觀可以由我們行事曆上的安排看出來，承諾的分量也只有透過實際行為才能證明。

## ※徵詢回饋：你需要多做或少做些什麼？

每當發生下列情況，就使用這項工具：

- 你和下屬之間有些事情不對勁，但你也不確定是什麼事情
- 你的想法得不到你的團隊給予贊同或反對
- 別人的問題永無止境地來來回回
- 你不清楚要如何改變或改善做法以提升績效

要了解自己是否正偏離正軌，最有效的方式就是詢問你的下屬。但是，鑒於權力鴻溝，以及大多數人不願冒險向權威人士說真話，因此你無法直截了當地探頭到某人的辦公室，隨口問一句：「你覺得我和我的管理風格怎麼樣？」尷尬死了。

身為主管，單純詢問「請給我坦誠回饋」根本不能算是真正的徵詢意見，因為你得到的唯一答案將是「你做得很好」，或是一片死寂。你將在第十章讀到，這其實與我們內在

那些未被察覺、未滿足的渴望有關（至少我們自己沒意識到）。當人們給予上級回饋時，會細心接收上司的渴望信號，再設法滿足，除此之外什麼也不會給。舉例來說，我的客戶葵英迫切需要讚美，她的員工便逢迎拍馬以取悅她。結果，她完全沒有得到任何有意義的回饋來幫助她改善表現，這便成了她的盲點。

主動徵詢回饋是一種強大的方式，能讓你照見自己的盲點並填補權力鴻溝。當鴻溝縮小，拉近你與團隊的距離，便是成本效益分析中的收穫。但這並不是全部。徵詢回饋僅是工具的一半，另一半是你對回饋所做出的回應。你願意接納批評，跨出「無知便是福」的保護牆嗎？

接納誠實回饋，意味著允許自己變得脆弱，這亦需要大幅提升自己承認弱點與成長的意願。這正是最高層人士的成功基石，因為它塑造了你在新領域中的策略性思考能力。光輝國際（Korn Ferry）的一項研究顯示，那些保持好奇心與開放的心胸、願意承認自己走錯路的專業人士，最能有效應對全新與陌生的挑戰。展現這種敏捷（agility）意願的高階主管，亦證實能創造高出二五％的獲利。

## 付諸實踐

這項工具分為兩個部分，第一部分是使用下列方法來徵詢回饋。第二部分——接納回饋——是一種我們必須做出的心態轉變，如果我們真心想要提高自身效率的話。

### 第一部分：提出詢問

下列三種方法有助你透過策略性技巧來徵詢有益的回饋。

#### 方法一：詢問具體事項

你所得到的回饋品質，與你的發問品質成正比。如果你只是問一些模糊籠統的問題，只會讓團隊說出更多他們以為你想要聽的話。相反地，你應該切入核心，詢問具體事項。例如，與其問「我做得怎麼樣？」，不如詢問：「我多做或少做哪一件事，可以讓你的日子輕鬆一點？」當你詢問「哪一件事」，能夠提供直接又簡單的方向。但也別太超過，要是問「能不能說出我的一個弱點？」，那就太嚇人了。不妨說：「哪一件事可以讓我更有效率？我多做或少做哪一件事，可以讓你更有效率？」

你要避免讓你的員工難堪。偷襲式發問會讓他們說出令人不安且無用的陳腔濫調，甚至造成杏仁核劫持全面爆發，令他們當場愣住，絞盡腦汁想著可以討好你的話。即便是最體貼、最細心的人，也需要時間來思考這類問題。你可以在預定的會議之前先提出這個問題，再進行討論。或者，你可以在一對一晤談時提出這個問題，讓員工知道他們可以在下次晤談時再回答。隨著時間推移，你可以讓這成為一種習慣，讓他們知道你會在一對一晤談時詢問這題，好讓他們預做準備——這也就變成一件稀鬆平常的事了。

## 方法二：使用評分

如同我們稍早學到的評分工具，人們往往比較容易透過分數給予回饋。你可以請他們用一到十分，對你的管理表現打分數（可以是整體或是一項特定計畫）。如果他們對你的管理表現打七分，你可以接著問：「我要怎麼做，才能由七分進步到八分？」

## 方法三：借用第三者的立場

假如你感受到團隊成員不敢吐露真心話，不妨借用第三者的立場。例如，你可以問：「超級挑剔的人會怎麼說？」如此一來，他們不必說是他們自己說的，而是不認識的別人說的。

## 第二部分：接納回饋

現在來到困難的部分了：你必須聆聽他們的回應，真心**聆聽**。正如我的同事馬克．葉爾（Mark Yeoell）所說，一個人表達的品質，是取決於聆聽者專心的程度。假如你想要得到優質回饋，便需要專心傾聽。

如果要我指出我曾合作過的每位成功執行長的共同特徵，那就是他們全心全意在場。除了他們投入的肢體語言及眼神接觸，你還能從他們的提問品質、回應方式，以及對你所說話語的重述與解讀中感受到這點。

比爾．蓋茲便是一個完美典範，他會全神貫注傾聽，然後提出只有完全投入當下的人才問得出來的問題。他以深度鑽研問題聞名，總是力求深入了解議題的本質，而不只是停留在表面。

每個人都想走捷徑，但真正的解答在於你得全心全意在場。你需要做的，就是到場及聆聽。正是這麼簡單，也這麼困難。全心全意在場，意味著不使用電子設備，不一心多用，全程保持眼神接觸，並在適當的時候重述對方所說的內容，或是進一步提問，深入探究他們的觀點。

這種全心全意在場，不僅能讓你獲得所需的洞見，同時亦能跨越權力鴻溝，讓你以真正具備合作心態的領導者之姿出現，激發出團隊成員的最佳表現。

### 微習慣：徵詢回饋

- 與某人交談或互動之後暫停一下，問自己：「他針對這次互動會給我什麼樣的回饋？」
- 回顧你的一天，給自己一些回饋。「哪一件事我做得好？有哪一件事是我本來可以做的，能讓今天變得更好？」

## 第四部

# 遠離隱藏的壓力陷阱

「我麻煩大了。」

從貝妮塔的語氣聽來，我明白事態嚴重。

貝妮塔的性格強勢又咄咄逼人，渾身散發出一股強大能量。我們兩年前在一場活動上認識，她是一名專業說客，在業界被譽為「化不可能為可能」的老虎。典型的貝妮塔作風是策略性地將我的聯絡資料收進她寶貴的通訊錄裡，以備不時之需。在成為全國知名非營利機構首位女性總裁的三個月後，她驚慌地打電話給我。

「全體員工揚言要發動罷工，他們恨死我了，」她說，「我搞不懂我哪裡做錯了。」

董事會非常欣賞貝妮塔，正因如此，他們才願意投入心力幫助她重回正軌，更別提假如她上任僅三個月便離職，將造成難堪的公關災難。該組織請我來觀察貝妮塔，進行三六〇度評量，並將回饋提供給她。在兩天的時間內，我訪談了與貝妮塔密切合作的每個人，來自四面八方——直屬部下、董事會成員，以及各層級的員工。最後一晚，我與貝妮塔共進晚餐，並討論結果。

我告訴她，有個值得肯定的地方是，所有人一致認為她是個行動派的強人。她的團隊與上級都有注意到，並欣賞她透過她一貫的遠見和堅韌的毅力，在短短三個月內改變內部系統，凡人可是要花上三年才能辦到的。她運用廣泛的人脈來開拓新資金來源，正一步步將組織的財務績效推向新高峰。但另一方面，一頁又一頁的猛烈評論，批評貝妮塔打斷人們講話、脾氣火爆、毫無同理心，而且死守自己那一套想法和做事方式。敵意躍然紙上。貝妮塔說得沒錯——她麻煩大了。

向我諮詢過的許多人都屬於這一類，他們要麼不知道是什麼阻礙他們成為成功的主管，要麼只是表面上知道，卻不了解問題的嚴重性或其造成的深遠影響。他們完全不知道自己給人的觀感有多麼差勁，他們會聳聳肩，對我說：「對啊，我知道我沒耐心、咄咄逼人，或者不是最佳聽眾……」但他們不知道人們在跟他們會晤前，因為恐懼而在廁所裡嘔吐。他們只知道自己對於團隊缺乏技能、決心或士氣而感到惱火，當主管完全不如他們曾經想像的那麼令人滿足。無論是哪種情況，他們都看不見表面之下導致這一切發生的深層心理因素。

如同我們早已討論過的，原因是未經管理的壓力腐蝕了行為，即便是最聰明、最善意的主管也無法倖免。壓力所引發的反應與怨恨，同時損耗了主管本人與員工。

這裡的關鍵字是「未經管理」。

當你成為負責人，壓力是無可避免的。無論你是經營跨國企業或本地食物銀行，你都必須應對壓力，推動組織議程，同時摸索時間與資源限制，達成預期，回覆需求，找尋與挽留合適人才，維持士氣但不對結果妥協，處理混亂狀況，更別提還要思考未來策略與成長。即使你不是負責經營整個組織，壓力也會開始隨著責任增加而累積。

你爬得越高，壓力越大。為了正面因應增加的壓力，並穩定地領導團隊，你需要調節你對壓力的反應。某人、某處與某種情況總會不如你的期望，你以為可以支配的資源在下午四點便像免費點心一樣消失。員工們會犯錯；同仁所做之事會氣死你。有時，你承受的要求超過你所能獨力完成的，除非複製一個你自己。這一切都不是你所能控制的。

你未必總是能輕易控制那些壓力所激起的情緒，我們是人類，會對事件有情緒反應。然而，你可以控制的變數是你如何回應。好吧，你很惱怒，害怕自己無法達標，或是即將崩潰。懂了。這些難免會發生。即使在那些情緒浮現時，你是否仍能保持冷靜，還是（自知或不自知地）化身為地獄來的主管？

此時，自我調節便派上用場了。

你能否調節自己面對外在壓力時的內在反應，將使你的工作與生活變得截然不同。你或許仍會感受到各種情緒，但你能夠辨認出來源，這便能讓你逃脫杏仁核劫持所導致的戰鬥或逃跑模式，回到更理性、更具建設性的思考狀態。如此一來，你不會用挖苦或打擊的方式對待表現不佳的員工，這只會重創他們未來的績效及士氣。你將能用堅定且尊重的態度與他們談話，引導他們創造更具生產力的成果。你能夠安撫客戶，將無法達成的交易轉變為下一個機會，並思索替代方案以補足短缺的資源。你可以搞定這一切。

第四部揭示了那些讓我們難以冷靜清晰地應對外部壓力的內在力量。這些內在力量構成了我所謂的「壓力陷阱」，也就是在我們不加注意時便會變得危險，使我們在高壓時刻變得脆弱的心理風險。當我們掉進這些陷阱，就會被挑起情緒，陷入全面爆發的杏仁核劫持狀態，讓內在的「海德先生」失控肆虐，破壞我們的作為。

海德先生的行為可分成以下三大類：

一、控制情況或他人（我沒時間允許別人犯錯，我自己來做就好）。

二、卸責，亦即怪罪別人（都是你的錯……是你搞砸了……）。

三、自動化成你熟悉的單一故事（不好意思，但這就是我做事的風格）。

即便是擁有一流交際手腕的人，陷入高漲的情緒時，也會跟著退化，表現出這三類行為。這正是為什麼貝妮塔在一場危機驅動的緊迫期限前，竟然要求一名員工「穿上你的大男孩內褲」，並於週末留下來加班完成一項報告。

未經管理的壓力具傳染性，就像空氣中的病毒一樣有個感染循環。如果你理解你這個當主管的人就是你團隊的主要壓力來源，便能明白你管理壓力的能力會直接影響到每個人。你的壓力爆發會觸發他們相同的戰鬥或逃跑反應，損害他們的生產力、甚或他們的身心健康，而這又會直接反彈到你身上，加劇你的壓力負擔。因此，我常對那些最容易變身為「海德先生」的主管說：沒錯，或許你對公司擁有巨大影響力，但若你能自我調節，而不是一股腦兒將壓力傾洩在團隊身上，你會創造出多少倍的價值？一次又一次，當我與那些對團隊缺乏動力感到挫敗的高階主管合作時，背後的罪魁禍首正是他們自己的行為模式。

迸發的壓力會侵蝕我們最優秀的特質，甚至損及我們最引以為傲的技能。舉例來說，假設你擅長向潛在客戶提案，而這是一項眾所周知的天賦。當壓力影響到你清晰思考的能力，這項才能很有可能會溶解成為一種有毒的雞尾酒：你堅持自己的結論是唯一真理，霸占發言權，不停下來傾聽他人已有的見解，一直提當年勇，甚至將顯而易見的常識包裝成寶貴建議再分享給別人。對你的團隊來說，這簡直是一帖難以下嚥的苦藥。

未加管理的壓力會以我們意想不到的方式傾洩出來，我見過太多人搞砸婚姻，只因為他們回家後對家人發洩挫折感，例如為了小孩不吃花椰菜而大吼，但其實他們生氣的原因跟蔬菜毫無關係。有些人則將壓力發洩在自己身上──心臟病學家與成癮治療專家很熟悉這種因應機制。還有一些人失去了自我調節的能力後，會開始放縱自己的原始衝動，做出超出自己權限的行為。

需要說清楚的是，我所謂的外在壓力（pressure）並不是指內在壓力（stress）。內在壓力是一種感受，通常是對外在壓力的反應，內化成一種生理體驗。有些專家說內在壓力有好處，因為它能提高專注力，但若長期處於內在壓力狀態，等於是讓身體器官浸泡於皮質醇（cortisol）之中，這種壓力荷爾蒙在科學上已證實有損清晰思考、造成健康問題。然而，外在壓力是一種外部力量，它會向你襲來，然後你會將它內化、回收，最終轉化為你對外界釋放的能量與反應。我並不是要告訴你需要多休假或放手不管，不過，你必須學會更有效地調節自己對壓力的反應。

我猜想你腦中早已響起「對啊，但是」的警鈴。**對啊，但是這些我以前就聽過了。對**

**啊，但是我哪有時間處理這些？對啊，但是真正的強者是硬漢，扛得住壓力。對啊，但是我早就習慣硬撐過去，還是活得好好的。**這些想法正是讓許多高階主管陷入困境、不得不來找我求助的原因。

接下來的章節將說明我見證許多客戶最常陷入的壓力陷阱，藉由評估這些陷阱於何時與何處出現在你目前的行為中，你便能運用具體詳盡的工具來避開它們。

# 第9章

# 找出你的隱藏觸發點

二〇〇七年對我來說是充滿挑戰的一年，當時我創業剛滿一年半，正努力經營自己的高階主管教練事業，家中還有一個學齡前兒童及一個學步幼兒。我同時也是家裡唯一的經濟來源，還要照顧我的母親，她住在安養機構，罹患的阿茲海默症日益惡化。我的壓力之大，可想而知。

在西雅圖一個灰濛濛的尋常十月天，我正準備去會晤客戶，突然一陣強烈的暈眩來襲，我將之歸咎於還沒吃早餐。於是我匆匆吃了點東西，靜坐了一會兒，自認沒事，便去開會了。但我的身體並不這麼認為。開車回家的路上，噁心感再次猛烈襲來，我不得不停下車在路旁嘔吐。我勉強撐著回到家，接下來一整天都躺在床上，感覺天旋地轉。

這是我第一次眩暈發作，之後成了慢性及嚴重的病症。在最初的幾年裡，眩暈發作時極為強烈，我連移動、說話、甚至只是睜開眼睛都會因為整個房間劇烈旋轉而嘔吐不止。當時的我是個拒絕放慢腳步的人，我的身體於是用這種方式將我強制關機。

這些眩暈發作，後來變成了可預期的壓力反應。每當經歷高壓事件後，眩暈便會緊隨而來。當我們的愛犬布里歐去世後，遺體被抬出家門時，我兒子薩瑞夫問我是否又會眩暈發作。果不其然，兩天後我就又發作了一次。

我現在仍然偶爾會發作，但是遠遠沒有那麼嚴重或頻繁。我學會注意那些非常初期的徵兆：在細胞層面感覺有些不對勁，就像是《駭客任務》裡的程式小漏洞一樣，例如我的腳步稍微不穩，眼前一道模糊影子閃過，前額冒出一抹濕冷。每當這些警訊出現的那一秒，我會立即取消當日行程、吃藥、上床休息，並準備好我需要的氣泡水與吐司。我不再對抗這些徵兆，也就比較容易度過眩暈發作。

其實，這也正是我們可以用來避開壓力陷阱的方法：提早辨識出觸發警訊，趁我們尚未被情緒啟動**之前**，及時調整。觸發點探測器（Trigger Spotter）工具將協助你識別自己特有的情緒信號，好讓你在情緒升高的那一刻便脫離其掌控，改變方向。

## 觸發點探測器：找出讓你發作的事情

為了即時管理壓力，這項工具能幫助你深入了解是哪些具體（且通常無意識）的因素，讓你出現「壞主管」的暴走行為。你可以在下列情況中使用這項工具：

- 你收到回饋說你對待員工過於苛刻（三六〇度評量中出現的頭號問題）
- 你動不動就生氣、激動、失望、害怕、焦慮
- 你對艱難情況的回應，感覺超出了你的掌控
- 你對一項情況的負面回應，遠遠超過那種情況應有的程度

## 付諸實踐

### 第一步：找出你的壓力點

就像眩暈發作一樣，杏仁核劫持通常伴隨著情境觸發點與明顯警訊。下列的教練式提

問有助你辨識自己的壓力觸發點，讓你能察覺它們最有可能出現的時機：

- **我在何種情境下最有壓力？**這可能包括發表簡報或主持會議等這類受到關注的場合、人際互動中的衝突處理、接受或給予批評性回饋、緊迫的截止期限，或是應對緊急意外事件。如果你不甚確定，可以回想最近幾次你做出讓自己有點懊惱的行爲，追溯當時發生了什麼事情。
- **哪種類型的人往往令我高度警戒？**你的上司？客户？表現差的員工？耍心機的同事？講話很過分的人？
- **什麼事情最有可能讓我發火？**你說話被打斷的時候？人家對你撒謊或貶低你？有人遲到或在最後一刻取消？有人搶走你的功勞，或者忘了將你加入通知名單？或者是非人際問題，例如科技故障、旅途不順，或是官僚作業令你血壓飆升。
- **一週之中的特定日子，或是週期性或季節性的時間點，有哪些對我而言尤其充滿壓力？**這可能包括每週會議、截止期限、年度大會、年末評鑑，或是活動前的準備。
- **我在哪些時刻並非處於最佳狀態？**睡眠不足的時候？肚子餓的時候？早晨還沒喝咖

啡之前？或是下午精力開始下滑的時候？

- **當我被觸發時，身體會有什麼反應？**憤怒、恐懼或其他強烈情緒的觸發警訊通常伴隨著生理暗示，例如心跳加速、胃部翻攪、臉部漲紅或耳朵發熱、緊咬牙關或緊握拳頭，或是太陽穴有悸動的感覺。

## 第二步：設計你的劫持中和劑

就像專家建議我們為家庭設計一套因應天災的行動計畫，你也需要制定一套行動計畫，以因應由個人壓力點所觸發的杏仁核劫持。當你有一套備用的劫持中和劑（Hijack Neutralizers），便能擺脫原始大腦的戰鬥或逃跑反應，重新回到更有力量的思維狀態。已獲科學實證、能夠抑制杏仁核的方法包括：

- 主動啟用你大腦中的理性部分持續六秒，方法是進行稍微複雜一點的數學計算（例如從一百開始倒數，每次減七）。這個動作可以讓你的思緒脫離受到威脅的原始大腦，轉移回前額葉皮質，讓你重拾清晰思考與理性判斷。

- 進行「工作記憶」（working memory）的任務，能夠將大腦導回執行功能的運作狀態。根據美國國家衛生研究院的定義，工作記憶是「以可隨時提取的形式保留少量資訊」。工作記憶任務的例子包括：回想小時候的住址、回想過往某趟旅行的每日行程，或者你最喜愛歌曲的歌詞。
- 進行五次緩慢的深度腹式呼吸。腦科學證明，我們可以透過生理調節來迅速改變心理狀態。正如同杏仁核劫持會造成生理反應，讓我們的呼吸變得又淺又急，我們也能藉由改變呼吸模式，逆向恢復平靜。
- 使用波士頓大學臨床心理學家艾倫・亨德里克森（Ellen Hendriksen）所開發的5—4—3—2—1安心穩步練習。說出你現在看到的五樣東西、聽到的四種聲音、觸摸到的三個物體、聞到的兩種氣味，以及能夠嚐到的一樣東西。透過這種方式將注意力集中於當下，藉由感官所感知到的周遭環境，將思緒從混亂的念頭中拉回來。
- 描述（在心中或實際寫下）正在發生的事情，但不加以解讀或批判。例如，「聽完艾倫的評語後，我感受到想要扔東西的衝動。」在認知行爲治療中，這稱爲「思維挑戰」（thought challenging），目的是讓你脫離你對「事實」的內部觀點，進入更爲客觀的視角——在這個案例中，你的「事實」或許是：「艾倫說了些蠢話！」

你也可以選擇對你有效的個人化機制。我有些客戶會喝一整杯水以冷靜下來，或是繞辦公室走一圈以消耗能量。還有一些人，像是下列案例中的薇歐拉，則使用記憶術（自行設定一句話，每個字的字首代表你要採取的行動之縮寫）作為特定情況下的劫持中和劑。無論你選擇什麼方法，重點是要在觸發點被啟動時，隨時準備好使用這些方法。

**※個案研究・觸發點的真實案例**

薇歐拉嚴以律己，對員工更是嚴格。薇歐拉的三六〇度評量最糟糕的一則批評是，每當有人向她提出她認為「沒有價值」的建議或問題，她會毫不留情地回應，損及員工對她的信任，更別提他們的士氣。

薇歐拉明白她所承受的巨大壓力引發了這種傷人的不耐煩——更別說她的醫生一再警告她的血壓飆升——於是她設定了一個「當下」解決方案。薇歐拉的第一步是辨認她的情境刺激物與生理暗示。我們確立了她感到很棘手的四項情境：每週員工會議；團隊潦草撰寫的東西；有人來不及提早告知出紕漏；人們試圖當場編造答案，卻不會說稍後再回報給她。她被觸發的生理暗示包括：摘下眼鏡，揉眼睛，緊咬嘴唇（有時會因為想要控制情緒爆發，太過用力咬住下唇而流血）。

從那時起，薇歐拉會使用友人給她的一段縮寫，作為劫持中和劑，提醒她接下來要採取的措施：當下，薇歐拉會回想「慵懶小溪流過耀眼瀑布」（lazy creeks run past dazzling waterfalls，LCRPDWF）的口訣，再運用下列的相關技巧。

- 從頭到尾聆聽（Listen），不要插嘴。
- 確認（Confirm），重述你所聽到的。
- 對別人談及（Refer）問題或建議，如果他們辦得到，就讓他們負責解決。
- 準備（Prepare）你的回應，不要立刻給出本能反應的答案。
- 不要（Don’t）深入回應，只要說：「那個主意（或問題）很有趣。」
- 含糊其詞（Waffle），可以說：「我需要一些時間來考慮；我的第一個回應是這個方向，但我保留改變心意的權利。」

- 在失敗前逃跑（Flee）（我時常跟我的客戶說：假如你在紅眼班機降落一小時後帶著惡劣的心情出席，還不如取消會議比較好）。

運用這些劫持中和劑數個月後，薇歐拉的情緒爆發大量減少。反之，她與團隊的關係逐漸好轉，她的血壓也獲得改善。

### 微習慣：找出壓力點

在工作日結束時，花三十秒盤點這一天，記下你情緒高漲的時刻，註明原因。有什麼事情讓你卡住？你有什麼想法？你說了或做了什麼，造成什麼結果？經過幾週後，不妨回顧看看，必定會開始看出重複的模式。

第10章

# 根除未滿足的渴望

有人讓你失望的時候，你會說出來嗎？你想要拒絕，一開口卻是直接答應？有人在開車時插隊，你有時會因此失控？同事批評你的選擇，你會感覺受傷？下屬表現不如你的預期，你會惱怒、鬱悶，或選擇逃避、不願面對他們嗎？

我們是人類，都會受到未滿足的渴望所驅使。我指的不是生理上的飢渴，而是強烈的情緒與心理需求。這些內在需求總是輕輕地（或者不是那麼輕）、無意識地驅使我們的行動。想要被喜愛、想要有歸屬感、渴望被看見或被聽見、尋求讚美——這些皆為根深蒂固的渴望，往往早已形成。治療師維耶納・菲倫（Vienna Pharaon）在《療癒原生家庭創傷》（*The Origins of You: How Breaking Family Patterns Can Liberate the Way We Live and Love*）中寫道，我們每個人都曾在原生家庭遭遇某種創傷。這些創傷致使我們用特定方式來補償：表演、取悅、躲藏、囤積、逃避等等。它們導致我們想要取悅他人、被重視、被欣賞、有歸屬感、有重要性、言行正確、成為屋裡最聰明或最風趣的人。某人、某處、某時的行為方式，使得我們認定，愛相當於某項特定表現，而這塑造了我們及我們的世界觀。我們一輩子都在不斷滿足那種渴望。

年輕的時候，餵養我們的渴望，才能在情緒上生存。成年後，我們變得比較堅強，或許更能夠調整我們的回應，然而那些小小渴望仍然握著方向盤。無論我們進化了多少，接受了多少小時的治療，閱讀多少情商書籍，或者參加多少心靈修煉，當我們被推出舒適圈，這些渴望便接掌局面，釋放出我們心中的飢渴小野獸。當我們被壓力擊垮，那些渴望便占了上風，並觸發反應。

以米娜為例，她幾乎是一接任高層職位，就開始陷入掙扎。我們很快便發現，當米娜接手一個新專案，她會花很長的時間鑽研細節——真的太長了。身為一家規模上億美元公司的科技長，那可行不通。她收到的回饋是，她必須變得更有策略性、更加果斷。我們使用本章末尾會提到的「渴望追蹤器」（Hunger Tracker）來探索她卡住的潛在渴望。身為要求子女完美的華裔移民家庭的女兒，她的內心深處有一種不斷證明自己的需求。要她退一步並信任團隊處理細節，不僅威脅到她對完美標準的堅持，也動搖了她的整體自我認同。儘管擁有業界名聲最好的工程團隊之一，她還是會熬夜到凌晨，細看每一行程式碼，只為了獲得那種「我交出了無懈可擊的成果」的快感。米娜的完美主義還被另一種常見的渴望給放大了（通常不只一種渴望）：渴望受人喜愛。她甚至不願讓團隊處理細枝末節，因為萬一他們搞砸了怎麼辦？那她就必須斥責他們，光是這個念頭就讓她感到胃痛。於是，米娜將所有工作包攬在自己身上，埋頭苦幹，以滿足這兩種潛藏的渴望。

另一方面，我的客戶喬納斯則是受到不同渴望的驅動。身為國際舞台上的知名經濟學家，他時常受邀參加世界領袖的諮詢會議，以及在國會聽證會上作證。許多人提到喬納斯有自我膨脹的傾向，但我認為那種態度背後隱藏著一種未滿足的需求。在明白他於成長過程中所形成的世界觀之後，我開始將他的行為視為一種深層的渴望，他不願錯過任何被看見的機會，因此總是想同時出現在各個地方。但別人則將他害怕錯過機會的這種行為，解讀為傲慢的自我推銷。

出於恐懼，喬納斯不願拒絕任何邀約或推掉任何責任。即便他為國家元首提供建議，他仍緊抓著一些根本不該再處理的瑣碎任務，例如，他曾協助創立一個如今運作良好的指導委員會。兩年前，我問他：「你仍然需要參與這部分嗎？它能在沒有你的情況下正常運作嗎？」

「你說得對，你說得對，」他回答我。

「你不需要完全抽身，」我解釋，「但你還有需要繼續主持每一次會議、解決每一個問題嗎？」

「不，」他回答，「我不必。可是……」

時至今日，他仍然在主持那個委員會。

喬納斯陷入了前微軟高層布拉德・阿布拉姆斯（Brad Abrams）所說的「花生醬」棘手陷阱。阿布拉姆斯所定義的花生醬陷阱，是將資源薄薄地抹在大量計畫上，而非集中火力於少數關鍵計畫。在喬納斯的案例中，他將自己分配給多項責任，甚至跨越不同時區。不出所料，這削弱了他的能力，無法百分之百專注於任何一項努力，甚或少數最具影響力的計畫上。

全心全意在場，需要你對於驅使自己的渴望有一定程度的自我覺察。揭露這些渴望可能令人不安。對喬納斯來說，那份不安來自於他童年時被貼上「怪胎」標籤，遭到排擠。儘管成年之後取得博士學位，對國際政策具有影響力，被排擠的八歲男孩依然不時會在他的潛意識中現身。他有一種無底深淵般的渴望，總是說「好」、總是想將所有玩具都握在手中。我對喬納斯說，如果我們不願打開內心的玩具箱，看清楚是什麼在驅使我們，俾以安撫及切割它們，我們便注定要重蹈意圖良好、但野心失敗的覆轍。唯有斬草除根，渴望背後的破壞性力量才不會再控制著你與你的反應。當你了解自己的渴望，就能辨認自己被觸發的時刻——**然後在當下便停止那種行為**。這正是最佳的自我覺察，在壓力極大的時刻，不被情緒反應綁架，而是能跳脫出來，理性地看清整個拼圖的全貌。

你要如何知道自己陷入渴望的狀態？如果你的反應比情況本身更強烈或更激烈，那便是一個線索，表明背後可能有更深層的原因。

舉例來說，我的客戶瓊恩來參加我們的教練諮詢時，看起來顯然很不安，不斷用手抓著她的短黑髮，一開口就說：「這很糟，莎賓娜。真的很糟。」

「出了什麼事？」我關切地問。瓊恩在她的領域聲譽卓著，我認識的她總是情緒穩定、甚至有點冷靜疏離。

「他們想要晉升我，」她回答。

「好的——」我說，「然後……？」

「我嚇壞了。這些老白人男子想要晉升我，只是為了日後將我拉下來。」

瓊恩過去從未在工作上經歷種族或性別歧視，也不曾在公司裡目睹過這類情況。誠然，文化偏見永遠存在，但這種臆測是她自己在恐懼中想像出來的。我們深入談話後，發現她的恐懼與喬納斯正好相反：瓊恩極度害怕站在聚光燈下。原來，她成長於美國中西部，是班級上唯一的日裔學生。她的同學會吐她口水，抓她，用種族歧視的話語罵她，所以她學會低調以保護自己。我向瓊恩道恭喜，因為她在即將踏上更高層次旅程的開端，便勇敢指出這種渴望。如果她沒有察覺這點，當壓力爆表時，她就會自動切換到預設行為模式。不須那些老傢伙上場——瓊恩自己一人便能大力打壓她自己的力量。

如果你還需要更多動力以釐清是哪些渴望在驅動你：我可以向你保證，你的下屬早已知曉，還會利用它們為自己圖利。我的一名同事，姑且稱她為艾莉森，分享過一個故事，是關於她職涯早期的一位老闆。那位老闆令人抓狂的大嗓門還沒傳來，你便能感受到他怪物般的自負人格已先行進入空間。他會四處走動，炫耀他昂貴的義大利新皮鞋，展示他在加勒比海某座島上興建的豪宅照片。艾莉森很快就明白，他對讚美與仰慕的極度渴望，來自於他內心深處的不安全感。

「我不想承認，」她告訴我，「可是我們都在利用這點。我們知道如果我們對他有所要求，就必須先拍一頓馬屁，他便會注意聽。實際上，有些悲哀——我為他感到悲哀——但他太惡劣了，虐待所有員工，所以我也沒有那麼悲傷了。」

你或許正想著，**喔，假如我有那麼大的盲點，我會知道的**。你會嗎？盲點之所以稱作盲點，是有理由的。

哈佛心理學家羅伯特．凱根與麗莎．萊斯可．拉赫發展出「變革免疫」（Immunity to Change）框架，以揭露那些強大且暗藏的力量（即渴望），這些力量會導致我們抗拒變革。透過他們的研究，我了解到這些潛藏的渴望是強大的變革抑制劑。一旦壓力升高，我們的渴望便會主導一切。無論我們聲稱自己有什麼意圖，我們都會抗拒變革，直到我們承認與處理這些渴望。辨識我們未滿足的渴望，是邁向變革的第一步。

在他們研究的啟發下，我設計了「渴望追蹤器」診斷工具，以協助客戶找出那些無意識地驅動著他們的最常見渴望。這個診斷工具如下列表格，將協助你反向推理自己的行為，診斷出那些可能正在驅動你的未滿足渴望。一旦你看到自己的渴望發作，便能用較為健康的方式來滿足渴望，解除你對變革的抗拒。

## 渴望追蹤器：找出驅使你的隱藏渴望

| 行為 | 敘述：我告訴自己…… | 渴望 |
| --- | --- | --- |
| 我在會議上發言的頻率與時間多於別人。<br>我打斷別人說話。<br>別人在說明一個新想法時，我變得不耐煩、搖頭或打斷他的話。 | 我知道答案。<br>他們不懂。<br>藉由直接切入主題，我可以加速會議進行，因為我一直以來都很成功，而且任何事情我都見識過了。 | 想要被認為是屋裡最聰明／最有想法／最有經驗的人 |
| 我會講述自己的英雄事跡（我如何力挽狂瀾、爭取客戶、解決問題等等）。 | 我值得被關注。<br>如果名人稱讚我，表示我很重要。 | 想要有存在感 |

| 行為 | 敘述：我告訴自己…… | 渴望 |
| --- | --- | --- |
| 我會提及名人或有權勢的人。<br>我會誇飾並加油添醋。<br>我總覺得有股衝動想要勝過別人的敘述，將注意力重新拉回到自己身上。 | 我必須一直站在最前面，以確保我受人注目。 | 想要有存在感 |
| 我不會委派或授權他人。<br>我總是隨時待命。<br>我不問別人是否需要幫忙，就出手相助。<br>我會盡力幫助他人，即便犧牲自己和家人。<br>我不停地查看電子設備，即便是在和家人相處時。 | 我是唯一可以做好這件事的人。<br>我自己一個人做的話，花的時間更少。<br>大家都在忙，我不想麻煩他們。<br>如果我被人需要，我便不可或缺。<br>如果我不可或缺，工作就很安全。 | 想要被人需要 |
| 每次會議、電郵或線上貼文，我都是第一個回覆。 | 如果我不馬上回應，人們會用不怎麼好的方式解決事情。 | 想要有控制權 |

| 行為 | 敘述：我告訴自己…… | 渴望 |
|---|---|---|
| 我堅持團隊遵守我的時程表，沒有先確認這個時程對他們來說是否合理。<br>我不會詢問他人的意見。<br>即便有所懷疑，我也會說事情進展順利。<br>如果我委派他人，我會不停檢查，或是在別人將成果交給我之後重做一遍。 | 如果我不掌舵，就會被拋棄。<br>如果我詢問他人的感受／想法，就會惹來一連串不必要的麻煩，害我無法專心做好事情。<br>我最懂。 | 想要有控制權 |
| 我很容易被惹怒。<br>我將別人的行動視為個人攻擊。<br>我通常很快就會怪罪別人，而不是自己。<br>我從不曾提議代表團隊在活動結束後清理會場、做會議紀錄或安排會議日程。 | 他們怎麼敢質疑我？<br>他們根本不知道我了解／做了多少事。<br>如果我參與無關緊要的工作，人們就不會尊重我的思想領導力；他們會開始要求我參與其他瑣碎的工作，我的行事曆將被瑣事淹沒。<br>我比同事更值得受到表揚。 | 想要被認為很重要 |

| 行為 | 敘述：我告訴自己…… | 渴望 |
| --- | --- | --- |
| 當同事因為成就而獲得稱讚，我會暗自不滿；我會很慢才送上祝賀，也不太會好奇他的成果或達成的方式。<br><br>我確保人們知道我有博士學位。<br><br>我每次開會總是遲到。 | 我的時間比他們的更加重要。 | 想要被認為很重要 |
| 我總是第一個回覆電郵或訊息。<br><br>我會答應做每件事，即便那不是我的優先事項。<br><br>我自願參加每個委員會或每項任務。<br><br>我會參與下班之後舉行的所有活動，即便犧牲我的家庭時間和個人休息。<br><br>我度假時也在工作。 | 如果我沒有出席每一場會議，人們會對我有負面想法或講我的壞話。<br><br>如果我拒絕小案件，人們就不會邀請我加入更有趣的專案，因為他們會假設我太忙了。<br><br>我只需要堅持下去就好，因為這是暫時的，下一季會比較輕鬆。 | 絕對不想錯過任何事 |

| 行為 | 敘述：我告訴自己…… | 渴望 |
| --- | --- | --- |
| 我不會在口頭上表示異議。<br>雖然我想拒絕，但還是會答應。<br>我的電子郵件塞滿了客套話、奉承話，附加表情符號。<br>就算必須由我做出決策，我仍不斷詢問別人意見。<br>如果有人反駁，我會說「我查查看」，而不是列出事實證據。<br>我的待辦清單塞滿了需溝通的事項，因為我拖延以逃避面對令我不安的問題。 | 如果有人感到不高興，就不會邀請我參加他們的會議或給我有趣的案子。<br>如果我表達不同意，就會顯得無禮、不知感恩。<br>假如我堅持己見，別人會認為我霸道。<br>萬一他們不喜歡我，我會被擱置在一旁。 | 想要隨時受到大家的喜愛 |
| 我在會議上不發言。<br>我在幕後做了幾乎所有工作，但過分謙虛地歸功於他人的努力。 | 只要不強出頭，我就不會受到批評。<br>萬一我發言，人們就會發現我一竅不通或不符標準。 | 想要保持低調，安全第一 |

| 行為 | 敘述：我告訴自己…… | 渴望 |
|---|---|---|
| 我為大家做的庶務工作超過自己的分內責任：訂午餐、做會議紀錄、其他跑腿雜務。 | 如果我將所做之事都歸功於自己，當事情不順利，就會全部變成我的錯。 | 想要保持低調，安全第一 |
| 我在幕後做事，但拜託同事在主管或團隊會議上簡報。 | 我完全不想要任何人對我所做之事挑毛病。 | |
| 除非我知道自己可以完美完成，否則我不會答應做任何事。 | 如果我表現得無懈可擊，就不會受到責罵。 | 力求完美 |
| 我完成工作的時間常常比承諾的還要久，因為我不斷重做、反覆檢查並打磨我的工作。 | 如果我犯錯，就代表我一無是處，隨時可以被取代。 | |
| 當我遭受批評，我會封閉起來、不說話。 | 假如有人挑出我工作的毛病，他們會認為我無能。 | |
| 我很快就將每個問題怪罪在他人身上。 | 如果我盡忠職守，便必須負責解決問題，承擔所有壓力。 | 想要抱持受害者心態 |
| 我從不道歉。 | | |

| 行為 | 敘述：我告訴自己…… | 渴望 |
| --- | --- | --- |
| 我沒完沒了地怒罵「其他部門的那些白痴」。 | 如果我有過錯，沒有人會喜歡我或邀請我加入團隊。 | 想要抱持受害者心態 |
| 我不會帶頭做事，因為我通常是等別人開口或動手（假如他們完成自己的部分，再交給我的話）。 | 如果我有過錯，我看起來會很愚蠢、無能。 | |
| 我不花個人時間來照顧自己，而是抱怨過勞／疲累／精疲力竭。 | 如果我真的花時間為自己做點什麼，別人會認為我自私，而不會像對殉道者那樣尊敬我。 | |

### ※個案研究：渴望追蹤器的真實案例

當你找出未滿足的渴望之後，要怎麼做呢？

先前提到的米娜，發現自己追求完美（還有完美地受到大家喜愛與認同）的渴望會在高壓情況下主導一切後，她便開始採取這三個步驟：

- **觀察**。米娜花了兩星期觀察她的渴望如何影響行為，這讓她得以將原本無意識的反應轉變為有意識的。她發現，每當有人在她說話時沒有笑、不點頭，她就會假設對方不喜歡她的想法。結果，她會開始退縮，給人一種缺乏信念的印象。米娜也注意到，面對職階越高的人，她越不敢表達不同意見，即便她對自己的立場非常有把握。
- **檢驗**。接著，米娜深入挖掘這些渴望背後的敘述（即渴望追蹤器的第二欄），以判斷它們究竟是事實，抑或是自己編造的虛構故事。例如，米娜將一個具體的念頭單獨拿出來檢視：「如果我犯錯，就代表我一無是處，隨時可以被取代。」這種想法所導致的行動，通常是她花費大量時間打磨她的工作，並活在擔心表現不夠好的恐懼之中。她亦回想起那一週有兩個具體例子，例如，她的主管給了她一些改善簡報的建議。主管根本不是想要開除她，反而稱讚米娜的分析很有見地。這讓米娜能夠客觀地看出她那種非黑即白的敘述並不正確，不但使她產生不必要的焦慮，還讓她在反覆檢查的過程中浪費了寶貴時間，只為了達到完美境地。

- **實驗。**最後，米娜設計了一個小實驗，想要看看她若打斷自己預設的反應會有何結果。在一個低風險的專案中，她設定了一個必須交出工作的期限。這能夠預防她浪費太多時間打磨不重要的工作，也讓她有機會明白，無須過度重複檢查，成果同樣很好。在那些她真正犯錯的極少數時刻，米娜放心地發現即便自己沒有做到百分之百完美，也沒有發生什麼可怕的事情。你或許還記得我們在討論微習慣時提到，我們是透過從失敗中復原來鍛鍊韌性；我們亦能因此培養出應對壓力的更佳回應。對米娜而言，她減緩了在壓力之下凡事往壞處想的傾向，大幅減少她因為渴望而驅動的焦慮。

第11章

# 避開唯一提供者的陷阱

「你是整個微軟公司裡最優秀的兩名測試經理之一。」

你或許會認為，從我上司口中聽到這句話，我應該會開心得跳起慶功舞。但相反地，我意識到自己犯下了職業生涯中最大的一個錯誤。

那是一九九七年，我是一支大型團隊的主管，負責測試Windows與Internet Explorer瀏覽器等重要產品。經過數年領導測試團隊，我急於接受新挑戰。雖然我喜歡測試工作中的偵探部分——找出與修復隱藏的缺陷以改善產品，並創造更好的客戶體驗；但我也渴望成為專案經理，從零開始設計那些產品。我去找我的上司湯姆，討論朝這個方向發展的機會。湯姆說我是整個微軟公司裡最優秀的兩名測試經理之一，既是稱讚（我耶！），也是他需要我留在那個職位的理由（喔，不）。當下我便明白，我太努力工作、想要變得不可或缺，反而毀掉我自己的職涯成長。

我掉入了如今我的客戶經常遇到的「唯一提供者」（Sole Provider）陷阱。

第二個壓力陷阱——認為自己必須包辦一切——往往是悄然襲來的。成為唯一提供者，通常是從一種看似理所當然的職業道德開始萌芽：追求卓越。一旦萌芽，我們會期望自己知道所有答案，在專業領域內的知識也要超越其他人。我們超級敏感，想要掌握每項細節。我們動員所有內在資源，希望做得又快又好。自我激勵與獨立自主無疑是向上發展的重要工具，但當我們接任權威角色，卻往往延續那些慣例；然而，如同你在第一章所看到的，那些曾經讓我們成功的最佳慣例，並不一定適用於晉升之後的階段。當我們被權力鴻溝遮蔽了視野，又被意料之外的壓力陷阱所觸發，獨立自主就會急轉直下，變成自我中心、好勝心過強，甚至自以為是。

在唯一提供者最出色的狀態下，他們充滿了主動掌控的能量，認為（通常也是正確的）自己擁有一切答案——知道如何以最大效能創造高度卓越成果。憑藉深厚的體制知識、敏銳的分析技巧、對細節的關注，以及對落實執行的堅持，唯一提供者會領導一切，包括從創新到執行。「我來搞定」是他們職業道德的基石。

然而，在巫師的帷幕後，往往有一個正在沸騰的大鍋，充滿沮喪、怨懟與壓力。當唯一提供者說「我來搞定」，其實是在說「只有我能搞定，所以我必須做。」他們對自己述說的故事包括：「這個項目是我領導的，所以這是我的責任……」、「只有我知道怎麼正確完成這件事……」、「我的職責是要照顧團隊；我來做吧，以免他們負擔過重。」委派任務？他們當然知道那是明智之舉，但他們若不是不做，就是即使有做，最後也氣得要死，因為他們的團隊遞交的成果往往不是他們所期望的。凡事親力親為是他們的經典標誌，也難怪他們經常感到不堪重負、疲於奔命，隨時都有可能陷入「壞主管」的行為模式。

正如作家海菲茲和林斯基所解釋的，人們期待主管保護他們免於企業界裡變幻無常的目標和不可捉摸的日程表，並提供角色、優先事項、責任和資源的指示，加上明確的方向，好讓他們知道自己背負何種期望，以及如何衡量成功。毫無疑問地，你在組織裡得到更多權力，別人對你提供保護、建立秩序與指引方向的期望就更高。然而，唯一提供者卻更進一步，從保護走向令人窒息，從建立秩序走向控制一切，從提供方向變成同時扮演航空交通管制員、飛機駕駛員與引擎技師。他們吞下未完成的任務，以免部屬過勞；他們承受其他部門或高層的嚴厲批評與不合理要求，以保護團隊不捲入公司風暴。他們這麼做的理由包括「這是我的職責」或「我要努力為團隊擋子彈」或「只有我能將這件事做得正確／快速／很好，所以我自己來」，但在表面之下，還有一些我們不明瞭的力量在運作。

凡事必須親力親為乃是出自於生存本能。由於害怕被視為可有可無，我們拚命捍衛自己在職場上的保鮮期。無論是源於有意識或無意識，我們都想要被視為不可或缺的英雄。透過建立起人們對我們的完全依賴，我們滿足了那股渴望。

我們究竟是如何建立起這種依賴？我們並沒有指導團隊發展技巧與能力（我稱之為「維生素」），而是發放快速解方作為止痛劑。我們拒絕讓他們透過試驗與失敗來學習，不讓他們培養自己的實力。我們提供現成答案，使營養不良的團隊回來向我們索求更多，藉此證明自己有多麼不可或缺。唯一提供者往往在上班日結束時感到精疲力竭、士氣低落，卻也因此確信自己明天在這間公司還會保有一席之地。這種原始的生存需求根深蒂固。

這種英雄行徑之所以能在體系中根深蒂固，是因為我們自己也信了這套神話，因而強化了這種行為。正如我的客戶有一位直屬部下表示：「我承認，我們喜歡瑪丹娜直接提出所有解決方案與主意，那表示我們可以少做些事，而且不會出錯。」當我們不斷扛起重擔，團隊自然就會依賴我們——然後我們卻想不通，為什麼別人都無法用我們要求的方法做好工作。

獨攬所有工作，不僅會疏遠同事、扼殺他們的成長，還會擴大權力鴻溝。比起其他任何行為，唯一提供者的傾向更容易蠶食你的時程表、承載力，以及職涯成長的機會。這種模式會吸乾你的時間、耐心與能量，如果放任不管，最終也會吞噬迄今為止驅動你成功的使命感和喜悅。我們內在都有某種自然界線，允許我們承受壓力；若非如此，我們在面對第一個截止期限或負面批評時就會崩潰。然而，當你接受更高層級的壓力，便需要更強大的界線。

唯一提供者經常扮演幾種過度付出的角色，以下是四種最常見的類型：照護者（Caretaker）、打地鼠冠軍（Whack a-Mole Champ）、閃電俠（Flash）、優等生（Straight-A Student）。就像我的許多客戶一樣，你或許會在其中一種、甚至多種類型中看見自己的影子，這些角色並不互相排斥。

## 照護者

亞莉安娜是一家保險公司的公關經理，投注許多精力於挖掘部屬與同事的內在能力。她的三六〇度評量顯示，她擅長透過提出有力的問題來激發創新，例如：「如果沒有任何障礙，你現在會如何解決這個問題？」評量亦顯示她在任務與期望的指示上表達得非常明確，通常會在電子郵件裡詳細說明，並於結尾寫著：「假如你需要進一步說明，請直接聯絡我。」在那之後，她便退居幕後，信任團隊去執行任務，並於必要時提供指導。亞莉安娜體現了我在三六〇度評量中聽到的許多最佳優點：聰明、溝通能力強、能夠創造實績、具備策略性、擅長處理人際往來。

這正是身為主管應做到的健康照護，其中所包含的五花八門技能，從激發創新到輔導團隊心理健康，已證明是成功領袖的關鍵。然而，就像所有人類特質一樣，照護的衝動也有著正面與負面的表現。當管理者處於健康的那一端，他們會擔任嚮導及教練的角色。但若這種照護使得人們喪失自主能力，無論是對員工還是對照護者本人來說，都是不健康的轉變。

以丹尼爾為例，他不偏不倚落在照護光譜中失能的那一端。身為七名手足之中的長子，照護他人對這位善良的靈魂而言是再自然不過。辦公室裡的每個人遇到問題或需要找人傾訴時，都會向丹尼爾尋求建議或訴苦。他曾帶著溫暖笑容告訴我，有人稱他為「常駐泰迪熊」。身高一九五公分、體重一一三公斤，加上暖和的棕色眼珠，這個綽號似乎相當貼切。

問題是，丹尼爾不是絨毛玩具——他是一家製造公司的會計經理。他在營運上的成功，取決於謹慎注意每個小數點與每週向財務長報告。那表示他需要其他部門的同事準時提交正確且完整的發票，而他的團隊也需要正確且完整地輸入資訊。但真實情況並非如此。相反地，他的四名會計師中，至少有一人會時常以個人情況為由請假，導致無法準時提交報告，但他們都知道丹尼爾會諒解他們。有時候，他們會在他的辦公室花上一小時抱怨目前專案出錯的地方，丹尼爾會同情地點頭，但在他和藹的笑容與同理的回應背後，卻隱藏著越來越沉重的恐懼感，因為他知道自己必須接手收拾爛攤子。一週又一週，丹尼爾會寄送「溫柔提醒」的電郵給同事，請他們提交報銷單，但大部分要不是遲交，要不就是潦草到丹尼爾必須追究細節以進行修正。

我問他為什麼不表達他的不滿，或者讓他的直屬部屬去處理那些繁瑣的報銷工作，丹尼爾回答：「喔，我知道他們非常忙，我不想再給他們增加壓力。」

好心？確實是。效率？一點也沒有。

像丹尼爾這樣傾向於「使人失能」的照護者，會破壞自己及同事的寶貴時間和精力，也會剝奪他們的自主權。當保護變異為控制，照護者便成為心理學家史蒂芬．卡普曼（Stephen Karpman）所提出的「戲劇三角」（Drama Triangle）裡的「拯救者」（rescuer）。戲劇三角解釋了人們在面對衝突時常見的三種不健康反應：受害者（victim，在這個案例中是承受壓力的員工），迫害者（persecutor，可能是客戶、上司、外部事件等任何造成壓力的人或事），以及拯救者（沒錯，就是照護者）。拯救者表面上看似在減緩受害者的痛苦，似乎很有同理心，但實際上卻是用「可憐你」的態度，將受害者困在「可憐的我」之循環中。照護者對待團隊成員的態度，彷彿他們需要被拯救。諷刺的是，照護者花越多時間去拯救別人，那些人越容易淪為受害者，感覺自己被欺負。

在我們第一次諮詢時，我的客戶茱莉亞開口便嘆了一大口氣：「我的辦公室不如裝個旋轉門好了，那麼多人進進出出來尋求答案。」隨著茱莉亞與我持續合作，我了解到她十分關懷人們，就像丹尼爾。顯然，她不僅安裝了那道比喻上的旋轉門，還固定給門片鉸鏈上油。她的團隊之所以不斷跑來，是因為她發放的是止痛藥，而不是維生素。茱莉亞會解決任何孳生的問題。這令我想到父母幫小孩包紮擦傷的膝蓋，然後讓孩子繼續騎他們其實根本不會操作的自行車，結果孩子又哭著跑回來，因為他們只是被草草包紮，並沒有學會如何保持平衡及自己踩踏板。

照護者常仰賴崇高的理由來為自己的行為辯解，他們甘願踏進自我犧牲的泥淖，對自己說：「為了團隊／客戶／公司，我必須這麼做……」、「我的職責是確保團隊快樂……」、「他們本來就已經很忙了，我不能再加重他們的負擔，所以我只好放棄健身課／孩子的足球比賽／假期，才能完成這些工作。」

這些說法或許都有道理，但在許多崇高故事的背後，潛藏著一種原始的自我保護需求，關乎我們自身的重要性，以及一份屬於個人的未滿足渴望清單。許多時候，我們代替別人做出決策，並編造出道德上的理由來說服自己，但其實我們只是為了避免不安。「我想你很忙，所以就幫你做了」，幕後的真相是「我不想對你說你做得爛透了，所以我乾脆自己來。」當然，我們得以迴避人際間的摩擦，但代價又是什麼呢？

拯救型主管往往是出於一種渴望被所有人喜歡（甚至是被愛）的驅動力。我們希望團隊感到快樂，回家時會說我們是他們遇過史上最棒的主管。我們真心渴望滿足他們對保護、秩序與指引的需求，於是我們總是做得遠超出本分，最終對雙方都造成了不利影響。

照護者有著善良靈魂與最佳用意，這點無庸置疑。但我們完全可以在成為好上司、展現關懷的同時，也不至於陷入無效管理陷阱或傷害到我們自己的福祉。

**反思時間：你是照護者嗎？**

有一項實用診斷工具可用來判斷你是否落入照護者心態：聽聽你告訴自己「為什麼要插手」的故事。如果故事主軸圍繞著證明你自己的角色（這是我的職責）、試圖拯救人們（我不希望他們失敗／我不想加重他們的負擔），或是追求效率（我自己來做比較快），你便知道自己正在被情緒牽著走。故事聽起來越是崇高，你便陷得越深。

## 打地鼠冠軍

西薩因為在壓力下保持冷靜與解決棘手問題的傑出能力而備受讚賞，當他在一家服務公司新晉升為經理後，便熱切地解決每個迎面而來的問題——而這類問題多得是。公司古老的紙本追蹤系統錯誤百出，每天都會出現昨天就該解決的新挑戰。每當出現新的危機，西薩就會披上超級英雄披風，衝上場鼓舞團隊，卻不解釋現在的整體情況或真正需要什麼（「太複雜了，一言難盡，做就對了！」），然後一天又平安地度過。他每晚安然入睡，因為確信問題已解決——只是隔天又會重演相同的循環。

我將之比喻為遊樂場裡的打地鼠遊戲，如果你從沒玩過，這是一種快打遊戲，需要高度專注與光速般的反應力。一張大板子上頭有許多孔洞，小塑膠地鼠會不斷隨機地冒出頭來，每名玩家手持橡膠槌，當鈴聲響起，就必須將跳出來的地鼠瘋狂地敲回洞裡，在六十秒內打中最多地鼠的人就是贏家。

如同所有的打地鼠冠軍，西薩沉迷於遊戲帶來的多巴胺快感，每當在工作上救火成功，他的腦內便會分泌這種令人感覺愉悅的化學物質。他沒有後退一步去重新修正潛在問題，而是站在旁邊等待一擊成功，這不只是因為多巴胺，更是為了讚美；畢竟，我們會感謝救火英雄，而不是防火專家。

和照護者一樣，打地鼠冠軍也有正面與負面的表現。從正面來看，這類冠軍是解決問題的好手，光靠迴紋針與口香糖就能打造出解決方案。他們反應迅速，指揮全局，是你在緊急情況中最需要的人。打地鼠冠軍總是忙個不停，創意源源不絕。他們剛跑完馬拉松，立刻問接下來要做什麼，並籌辦慶功派對，讓氣氛持續熱絡。有這種人在身邊，絕對沒有無聊的時刻。

那種興奮感滋養了打地鼠冠軍的各種渴望，他們享受忙碌；那是他們評估自身價值的方式。最忙的人就是贏家，因為忙得不可開交就表示他們很重要，對吧？他們自願參與每項專案，因為不想錯失任何機會。他們有一種衝動，想要炫耀打地鼠冠軍的地位並博得讚美，卻在無意間壓縮了他人的空間，滔滔不絕地述說這個專案有多麼複雜、經歷了五十五項步驟及四天不眠不休才解決，當然，還有他們如何又拯救了這一天。呼——真是場大秀！

如果你懷疑自己是不是也在玩打地鼠遊戲，值得思考的問題是，藉由奔赴一場又一場的危機，你滿足了何種未滿足的渴望？對大部分冠軍來說，那是類似於照護者被人需要的渴望。為了滿足那種相當基本（且相當正常）的渴望，打地鼠冠軍會創造一種現實，他們在其中是終極問題解決師，以及答案的唯一提供者，使別人一定要依賴他們。儘管他們在遊戲中表現出色，但那份當英雄的刺激感，往往只維持到下一隻地鼠跳出來為止。

從權力鴻溝的觀點來看，打地鼠冠軍太過沉迷於清除眼前的問題，以致對自己造成的傷害已經麻木。舉例來說，儘管問題確實一個個被「敲掉」，西薩卻完全沒意識到自己的團隊也跟著遭殃；因為他不斷從一個高壓情境橫衝直撞向下一個，行事風格就像打地鼠遊戲一樣毫無預測性。他的領導方式沒有方針，只有每日的旋風將團隊颳得團團轉。他沒有透露自己的策略思考過程，也未能傳達更高層次的目標感，致使團隊士氣全無，只是被迫執行命令，對工作沒有參與感——說到底，甚至連夥伴關係都算不上。由於權力鴻溝所造成的距離，沒有人願意告訴他，他們已經累癱了。上任九個月後，西薩開始面對新一波火災：員工陸續要求更多休假，甚至投奔到競爭對手陣營。

永遠會有另一隻地鼠，一隻又一隻。問題在於，要打多少次，我們才會明白我們贏了遊戲，卻輸掉資源與玩家？

**反思時間：你正在打地鼠的四項徵兆**

一、你將危機管理視為你的強項（或許正是）。

二、你不願拒絕任何機會。

三、你很容易感到無聊。

四、你將已完成的事情加入待辦清單，只是為了將那些事項劃掉的滿足感。

**※馴服打地鼠的衝動：卡洛琳的故事**

我會用一句座右銘來提醒自己不要替表現不佳的人做事：「不要撿起工作。」如果有人提出一項請求，而這項要求並不急，我會表示我已收到，但至少等上一天再採取行動。這段時間內通常就會有別人接手，同樣常見的是，過了一天之後，那項請求已變得更加明確、更容易解決。如果我收到來自高層的緊急要求，卻沒有足夠資訊可採取行動，我現在不會再急著出手、嘗試解決問題。我已經更懂得要求他人先做好自己分內的工作，再來尋求我的協助，而這個世界也沒有因此崩塌。

## 閃電俠

瑪莉兒是家裡十二名小孩之中的老大，當父母長時間工作時，她是名符其實的弟妹照護者。八年級時，一名老師注意到瑪莉兒聰穎過人，說服她去讀大學，成為商業界的專業人士。她決定接受挑戰。瑪莉兒半夜三點起床，用微弱燈光讀書以免吵醒其他人，她只有一個焦點：讀書。用功讀書。由於在家庭責任之外只有一小點自由時間，她會以光速做事直到天亮，閱讀，研究，分析，寫出讓老師們驚豔的作業，拿到頂尖成績。她打敗競爭者的方法是比別人都更努力、也更快速，最後她拿到高中排名第一，並爭取到一所名校的全額獎學金。

多年後，瑪莉兒成為併購部門的副總裁，這場領先任何人和任何事的競賽持續驅使她的行動。在職涯的晉升之路上，這些特質讓她比許多人更快彈升至高點。然而，當她登上更高階層，壓力使得這種超級效率開始腐化，她會獨自包攬所有具策略性的機會。

瑪莉兒和團隊即將展開一項新計畫，她召開會議以激發點子。當然，她相信自己帶著一份極為周全、沒什麼可挑剔的概念草案去參加會議是高效率的表現。她的想法是她可以讓這項計畫更快速地一口氣起飛，遠比跟團隊反覆構思與修正來得有效率。這場會議如同瑪莉兒主持的所有會議，三十分鐘排程、二十九分鐘結束。瑪莉兒不滿團隊沒有任何回饋或提問，並認為這證明她必須靠自己發想所有點子。她心想，她的團隊顯然不具備批判性思考的能力。

瑪莉兒的團隊其實很有可能具備批判性思維的能力，但就像她一樣，他們已習慣「瑪莉兒搶在別人之前做完一切事情；她顯然不想要我們投入。」瑪莉兒沒有耐心讓別人拖她後腿，因而一人包攬所有工作，這也意味著她的團隊成員沒有機會學習獨立思考。結果，瑪莉兒在自己身上堆積了不必要的工作（與壓力），正如我還是測試經理時所做的，她將自己逼進了死角，沒有留下任何空間來提升自己的技能與職涯發展。

瑪莉兒是職場版的閃電俠，這是ＤＣ漫畫旗下的同名超級英雄角色，發揮超人速度來解決一切需要解決的問題。閃電俠們終日奔波，滿足於他們想當上效率英雄的需求。他們是打地鼠冠軍的近親，差別在於方法不同。打地鼠冠軍講求數量，閃電俠則是講求速度。打地鼠冠軍渴望更多、更多、更多興奮感和救世主般的成就感，閃電俠則是全心追求第一個越過終點線。

我個人對這些行為有著非常深刻的體會——諷刺的是，我亦明白這些行為反而會製造出額外工作。有時候，我仍然會陷入試圖用高速前進，又想保持精準與深思熟慮的矛盾狀態。就在前幾天，我正在為客戶的演講稿插入評論，短短一小時內，我至少有十五次在Word還沒完全打開註解框時就開始輸入文字。結果，我的註解開頭的三到四個字母直接鍵入正文裡，導致出現紅色波浪底線的拼字錯誤提示。你可能會以為，幾次之後我應該學聰明了，但並沒有！我每次都得回到正文，手動刪除多餘的字母，然後再補上註解框中遺漏的開頭字母。我只需要在打字前暫停微秒就能避免的事，卻花了我三倍力氣，浪費了寶貴時間。我們早已承受足夠多的壓力，誰還需要自己創造出這種原本可以避免的錯誤？

雖然效率是管理者的一項重要特質，但正如瑪莉兒所體會到的，「過度」有效率會導致團隊的認同感與士氣付出更大代價。閃電俠急於得到解決方案與結論時所揚起的煙塵，往往會遮蔽其他可能的路徑，而那些路徑其實更快速，只是被閃電俠以外的團隊成員看見了。在全力衝刺奔向終點線時，閃電俠往往抓住第一個出現的解決方案就往前衝——而這個解法，毫不意外地，常常是他們自己想出來的。作為單一故事的大師，他們很少、甚至幾乎不會停下來問：「我們在這種情況下還能做什麼？」而是往前直衝，將其他人的聲音拋在腦後。

以多明尼克為例，他的三六〇度評量顯示出典型的閃電俠行為。正如他的直屬部屬所指出的：「他每次都這麼做：我們舉行全體會議時，他會先拋出一個主意，然後假裝他想聽聽看我們的意見。他會說：『有任何想法嗎？』緊接著，幾乎在同一口氣又說：『沒有？好的，很棒。我們動手去做吧！』」

這種急於得出結論的樣子，令我聯想到獵犬跑向第一隻迎面而來的松鼠，並撲了上去，卻不知道自己追的是一個紙袋。狗兒的智力不足以使牠後退一步並問：「等等，是不是會有更好的松鼠？我是不是該四處看看，考慮替代目標，再出發去追牠？」但是，我們可以。事實上，任何情況下的第一個解決方案，也許不是最具策略性的，甚或不是正確的。如果我們忙於追逐自己的第一個想法，就不會停下來注意是否有人能提供寶貴意見，而那可能其實是一隻更好、更美味的松鼠。

在詢問大家是否有想法之後兩秒便結束談話，多明尼克基本上傳達了他並不是真正想聽團隊的想法。沒有提供想法，意味著他們沒有掌控權，也意味著他們不想投入於（甚至沒興趣）執行他的主意。變革管理專家達里爾．康諾（Daryl R. Connor）指出，接受變革的人和拒絕變革的人，兩者之間最大的差異，是對於事情有一種掌控權或話語權。

當我們一心追求極速前進，往往會在無意間對他人的情感需求變得不敏感。我們奔向終點線的強烈欲望，意味著我們不會停下來思考；當我們頭也不回地經過部屬辦公室，隨口丟下一句「我們需要談一談」，甚至不看對方一眼，這樣的舉動可能會讓對方陷入極度焦慮：是不是做錯了什麼，是不是飯碗不保了。請記住，公事**永遠**攸關私事。當我們沒有慢下腳步以看清我們的快速轉變與步調，可能會使團隊精疲力竭，因為他們正拚命跟上步伐。

為什麼有些人總是急於完成每一次互動、每一項專案？究竟有什麼益處？我們的傾向或許是追求終極效率，但那只是表面理由。在這背後，其實是一些強烈的渴望在作祟。有時是因為害怕錯過機會（我必須趕緊完成，才能清出空間迎接下一件大案子！）；或是為了第一個完成且做得最好的那種認可感（我贏了！）；但最常見的，是渴望有所掌控（如果我像閃電般行動，別人就來不及批評或阻撓我的計畫）。那股衝動是不惜一切代價，想牢牢掌控話語權、保護我們的願景——以及我們的存在價值。那是**我的**專案、**我的**分析、**我**獨一無二的願景、**我的**時程與步調。而放慢腳步，意味著我們必須接納其他想法與意見，那或許代表我們不是最好的那一個，或者我們未必能按照自己的意思進行。如果你在跟團隊反覆討論想法時曾感到不耐煩，那就是一個明確的信號：你對「控制」的渴望正在主導一切。

**反思時間：你是閃電俠的六個明顯跡象**

一、你走路很快，講話很快，手勢比個不停（或許跟我一樣用一．五倍速聽有聲書）。
二、你於幾分鐘內便會回覆電郵及簡訊（雖然實際上未必會完整回答提及的問題）。
三、你自豪於一心多用的能力。
四、你經常因為靈光一閃，便打斷別人的想法。
五、浪費時間是你的致命弱點。
六、耐心不是你的強項。

## 優等生

蘭斯在小學時總是第一個舉手回答老師的問題，是不折不扣的優等生。聰明絕頂的他立志要進入常春藤聯盟大學、畢業前找到一份人人稱羨的工作，這兩件事他當然都做到了。現在，蘭斯是一家顧問公司的董事總經理，受到同事的讚揚，因為他總是知道如何回應客戶最艱難的問題。

如同大多數優等生，蘭斯是個完美主義者，有著極高的標準。他要求每名團隊成員在進行任何事之前都要獲得他的准許，從季報的字型大小，到大型計畫的金額，每件事不論大小皆必須通過蘭斯的品質管理。然而，正如蘭斯這樣的優等生所發現的，追求完美的執著渴望會產生遠超常人的壓力。

所有問題最終都要交給蘭斯決定，而且他緊抓權力不放，所以團隊必須等他回覆後才能繼續工作。電子郵件堆積如山，大家等著他釐清整體方向，才能對具體細節做出決策，但由於團隊正等候瓶頸解除，專案也因此延宕。蘭斯常說：「我們真的需要坐下來深談一下，好讓你接手這個專案的更多工作。」但之後通常不會有後續談話。就像丟一塊餅乾給狗兒，蘭斯總會用「這是個好問題」來搪塞團隊的提問。這將團隊訓練得很好，只會提出好問題，等待只有蘭斯才能回答的答案，並感到挫折不已。藉由牢牢掌控所有答案的鑰匙，並將事情搞得一團模糊，蘭斯確保了自己是知識與智慧的唯一提供者，進而保住他的最高位階與飯碗。但他沒發現的是，這些做法正導致他最能幹的成員紛紛離開，去尋找他們能夠發光發熱的舞台。換句話說：蘭斯或許是明星員工，但絕對不是明星主管。

蘭斯這樣的優等生通常確實是屋裡最聰明的人，他們能有今天的地位，可不是靠著運氣——他們的腦力是其成功的基石。然而，這其中有好有壞。

辛勤工作是優等生信奉的宗教，那是他們表現卓越的基礎。然而，這種全身心投入的專注可能會重創他們的幸福，以及他們團隊的長期成功。優等生每天早上第一個進公司，最後一個離開，他們很少休假充電。他們是最有可能淪為稍後將提到的超級英雄症候群（Superhero Syndrome）的人，超過凡人能力所及的程度。

在你努力攀登職涯階梯或創業時，全天候的努力或許有道理，但是，升上更高層級的權威角色後，你的團隊會將你的工作風格解讀為增加額外的壓力，他們會覺得自己被期望要將身心健康獻祭在優等生的祭壇前。身為主管，你設定了步調、態度和期望。但在現今的時代，日以繼夜地工作，犧牲健康、家庭與生活平衡的做法，已經行不通了。諸多商業媒體均報導，在疫情之後，奮鬥文化（Hustle Culture）已成為歷史遺跡。預期人們具備高職業道德是一回事；暗示你的團隊必須燃燒自己，則完全是另一回事。

驅動優等生心態的完美主義，最終變成了壓力陷阱，因為對超級英雄般表現的持續追求，會磨損那些幫助你保持冷靜、理性與清晰思考的心理防線。完美主義的行為會以各種形式出現，例如，花二五％時間糾正部屬工作中最不重要的細節，或因為害怕犯錯而感到極端焦慮，而那種焦慮總是會浮現，有時是以意想不到的方式表現出來。

凡妮莎是我的客戶中表現最優異的人之一，她不久前聯絡我進行緊急諮詢，說她那天早晨經歷了全面性的恐慌發作。

「喔，不，」我說，「好的，我們談一談。發生了什麼事？」

「沒發生任何事，真的，」她回答，「我只是明天要錄podcast，而我從未試過。我會失敗的，我知道。我要不要乾脆取消算了？」

我就知道。凡妮莎是近年來一家最創新的健康企業的創辦人之一，然而她是那種對自己要求極高的人，對她來說，犯錯無異於宣告破產。這種苛刻標準會對團隊成員的心理健康造成巨大影響，正如你所理解的，這最終會劫持整個團隊的表現，導致成果受阻，讓完美主義與挫敗感的惡性循環持續擴大，使所有參與其中的人都陷入失控狀態。

雖然優等生往往知道所有答案，但他們的聰明才智有時反而會讓他們忽略最顯而易見的問題。

---

**反思時間：優等生的四項徵兆**

一、你正在想要怎麼拿到滿分通過這場測驗。

二、高分與讚美對你來說勝過炎炎夏日的冰淇淋。

三、失敗從來都不是一個選項。

**四、你已經知道自己贏得了這場測驗，猜想著如何贏得書中的其他測驗。**

---

那麼，身為照護者、打地鼠冠軍、閃電俠或優等生，在你了解唯一提供者的傾向對你造成的影響之後，現在該怎麼做？我不會用「委派、授權」來打發你，我猜你以前也試過，結果令人沮喪。

那是因為，即便是最成功的主管或經驗最豐富的高層，也經常忽視一項重要差異：委派或授權並不是一蹴可幾的事。如果我們只要提供清楚的指示，就能立刻卸下責任、釋出行程表的時間與我們的腦力，那當然再好不過。但我們都知道，現實絕對不會那麼簡單。

員工不會讀心術，如果你只是粗略指示你想看到的結果，然後就消失，直到最終交期前（例如重要的截止期限前）才出現，就一定會有失誤，這時候已沒有重複調整的空間。理所當然地，你馬上介入接管，通常是重寫整份文件，然後在週日晚上氣得冒火。當我們完全將一項任務交給員工，我們以為這是給予他們自主權、不進行微管理。但事實上，我們是在袖手旁觀，很有可能因此破壞成果，甚至讓員工產生自我懷疑。

你的員工呢？他們的自信心就此瓦解，因為他們明白你對他們毫無信心。他們會覺得自己是多餘的，而且被微管理。正如你所知道的，假如你動不動就衝去救場，你的部屬便無法培養出能力，在下次做得更好。這種情況會為你帶來不必要的壓力，更會打擊員工的士氣，因為他們開始認為無論怎麼做，他們的成果都不夠好。

以芭芭拉為例，她是一家上市公司的財務長，負責主持每季股東大會，公布財報及新業務的最新發展情況。芭芭拉將會議講稿的初步準備工作，交給了投資人關係總監歐文。

在季報大會之前兩星期，歐文將草稿交給芭芭拉審閱，然後她寄回了一份畫滿密密麻麻紅線的版本。芭芭拉預期歐文會謹記她的編輯建議，並在下一版中做得更好。然而，每次往返的紅線數量都一樣。最終，芭芭拉重寫了大部分草稿，還因為歐文「根本不懂」而氣得要命。芭芭拉對於浪費時間感到挫敗，歐文則對這種推石頭運動十分沮喪，而這顯然是「聖人開示」的錯誤在作祟。

我告訴芭芭拉有更好的方法：將「委派或授權」當成調節器，而不是開關。每次默不作聲地將草稿退還給歐文，以為他能經由某種編輯滲透鍊金術，讀懂她想要什麼，其實是注定讓雙方一起失敗。更為可行的做法，是將委派或授權當成調節器，依照對方的能力與經驗來調整刻度。

以下是委派任務調節器（Delegation Dial）工具，每當你發現自己陷入這些情境，便能作為通用練習來校正唯一提供者的傾向：

- 你滿手都是別人可以做或應該做的工作
- 以前你曾試過委派任務，但不順利

- 你想要指導一名團隊成員承擔更多責任
- 你對委派任務的猶豫，源自你對於被需要、存在感、掌控感的渴望

## 委派任務調節器工具：成功委派任務所需的轉變

以下是客製化的委派策略，可以創造更高的效率，大幅減少挫敗感。這項策略的核心是一個簡單的事實：**想要成功委派任務，就必須加上指導。**

## 付諸實踐

### 第一步：找出知識的尺度

芭芭拉最初的錯誤，就像許多委派任務失敗的主管，沒有發現自己受到知識的詛咒

所蒙蔽，我們在溝通斷層線 #4 曾提到，作為專家，我們的知識已經內化到不需思考的程度。我們會假設別人和我們處於同樣的水準，於是省略了將知識轉化為易於消化的形式。

我們可以透過管理培訓師馬汀．布洛德威爾（Martin M. Broadwell）建立的學習四階段框架來了解這點。這四個階段分別是：

- **不自覺的不勝任**（unconscious incompetence）。我們開始學習某項新事物時，不會知道自己不知道什麼。舉例來說，假如你要學習開車，這個階段便是你從未坐在方向盤前面，從未想過該怎麼做。
- **自覺的不勝任**（conscious incompetence）。當我們入門後，會明白自己不知道什麼。我們明白問題是什麼，但還不知道該如何解決。以開車的例子來說，你或許開始試駕，明白你從未注意過安全操作汽車的複雜性。
- **自覺的勝任**（conscious competence）。我們逐步學習該怎麼做。我們知道變換車道前必須先打方向燈，看著後照鏡。

- **不自覺的勝任**（unconscious competence）。這是最後階段，我們變得熟練，無須思考必要的步驟——我們只是自動化執行。如果我們有幾十年的駕駛經驗，甚至可能會不自覺地打方向燈——我們就是做了。我們不自覺地勝任。

為了有效地委派任務，我們必須明白自己或許處於學習的第四個階段，而員工可能還停留在第一或第二階段。歐文屬於自覺的不勝任階段，他知道自己做得不正確，卻不曉得如何增強能力。與汽車駕訓班不同，歐文無法報名參加正式培訓，也不確定要向誰尋求幫助，只能像研讀交通法規那樣，試圖從芭芭拉的編輯建議中學習。當你在分派任務之前，先了解員工處於哪一個學習階段，就能預測潛在的困難，並幫助他們邁向成功。

你該如何判斷員工處在哪一個學習階段？答案是直接詢問他們；依據以往的工作來評估他們目前的能力階段；提供回饋，觀察他們能在多大程度上進行調整。這些做法會提供你需要的基本資訊，以便前進到第二步。

## 第二步：調整調節器至適當刻度

當你了解員工處在哪個學習階段之後，便能調整調節器至適當刻度：示範、指示、教導、提問，或是安全網。

- **示範**。如果這個人是徹底的新手，就由你來完成這項工作，不要讓他自己處理，尤其更不能讓他一個人處理。反之，讓他協助或觀察你是如何完成的。以芭芭拉與歐文爲例，芭芭拉可以親自撰寫草稿，再將最終成品交給歐文閱讀，讓他作爲下一次撰寫的範本來學習。
- **指示**。到了下一個階段，你要指示他們該怎麼做才能執行任務。此時，具備全局視野的主管芭芭拉，可以先陳述她期望的成果與不可妥協的事項，接著分享講稿中應該包含的分析內容，以及一些具體要求，比如理想的篇幅與語氣。
- **教導**。在你清楚溝通任務內容之後，接下來是一步步教導他們整個流程。與其只是將畫滿紅線的草稿交還給歐文、假設他能理解她的意思；芭芭拉可以在編輯建議中加入註解，說明每一項註解背後的理由。比方說，爲什麼這部分要放在開頭？爲什麼這段話放在這裡更合適？爲什麼這句話是語調恰當的範例？在下一個版本中，芭芭拉不應再直接修改正文，而是應該在空白處留下註解，例如「精簡這句話裡的形容詞數量，那看起來過於諂媚」。

- **提問**。唯有當他們經歷前面三個階段，你才能進入提問階段；也就是說，此時你成爲教練，而不再是指導者。你要詢問他們需要什麼協助、是否遭遇障礙、是否有新想法，或者他們在過程中學到了什麼。隨著歐文的寫作技巧逐漸進步，芭芭拉可以擔任教練，提出問題，例如：「你希望我們的股東從這份報告中得到的最重要訊息是什麼？」、「你當初有其他構想嗎？爲什麼最後選擇了這個？」、「你從我們上次股東電話會議的回饋中學到了什麼？」

- **安全網**。委派任務調節器的最後一步，正是多數主管直接委派任務（並失敗）的第一步。這個最後一步僅適合經驗最豐富的員工，只需讓他們知道，如果有需要，你隨時可以提供資源。一旦歐文掌握了寫作流程，芭芭拉就可以請他在草稿完成後直接寄給她，同時讓他知道，假如他有任何問題，可以隨時來問她。

無論你的委派任務調節器進行到哪個階段，若是關係重大的事項，設立一系列的檢查點會很有幫助，這能讓你及早小幅修正道路，而不是等到最終期限才來個急轉彎。

四個月後，芭芭拉發現她只需要快速瀏覽歐文的最終草稿，他就已經能獨立作業了。假如你不確定自己是否有時間像這樣花四個月督導一個流程，你可以想想，芭芭拉在此之前花了一年反覆在歐文的草稿上畫紅線，卻毫無進步。委派任務調節器活用了一句商業箴言：「慢慢來比較快。」

說到慢慢來比較快，你也必須慢慢地調整委派任務調節器。我的客戶提姆的妻子做了髖關節手術，術後十二週不能承受任何重量。等到她能稍微走動時，我詢問提姆，她的狀況如何，他回答她已經復原到開始危險地做太多事情。委派任務調節器也是相同的情況。一旦我們決定將任務交出去，委派某人來做，便會迫切地希望他完全接管，就像提姆的妻子急著重返健身房一樣。要有意識地堅持委派任務調節器的五階段，不要太快轉動旋鈕，否則容易操之過急，導致你自己失望，也讓員工失去自主能力。

## 專業祕訣：解決委派時的「對啊，但是」

你是不是有說「對啊，但是」的衝動？你並不孤單。相較於其他工具，委派任務調節器或許更容易引發大量反對聲浪。以下是我最常聽見的五項「對啊，但是」，以及轉移到「對啊，而且」的策略。

**反對：**那太花時間了。

**策略：**記錄現在你花了多少時間不停刪除又重新做你委派的工作。是的，前期或許要付出更多時間，但當你不再需要修正部屬的工作，那項投資便是值得的。

**反對：**我們可能會搞砸一項重要計畫。

**策略：**因此你必須從小項目著手，慢慢轉動旋鈕。不要一開始就將需要向董事會簡報的任務交給下屬。我們不會教小孩在高速公路上騎自行車，而是在小巷裡騎附有輔助輪的車。

**反對**：他們不注意細節。

**策略**：不要鑽研細節，使用委派任務調節器上的指示與教導旋鈕，直到員工對上頻率。給他們一份常見錯誤的清單。

**反對**：他們動作太慢了。

**策略**：留意自己是否正處於「主管時間」的狀態，也就是站在權力鴻溝的另一端，因為你可能距離該項工作太遠，或者因為自己太過熟悉（知識的詛咒），以致對於截止時間的期待並不務實。要詢問你的部屬認為合理的時程範圍。

**反對**：他們的批判性思考不夠周全。

**策略**：這是可以教導的。藉由詢問強而有力的引導式問題，提升團隊成員的批判性思考能力。例如：「在產品發布日當天，我們的競爭對手將因為我們的哪些盲點而大肆慶祝？」或者「最近的七項客戶投訴有哪些共通點？」

## ※委派任務調節器的真實案例：凱伊的故事

在我開始運用委派任務調節器之前，我有兩種管理工作任務的模式：「自己動手做」與「指派及監督／期望最佳成果」。我偏好「自己做」，因為會議成果的構想在我腦海裡非常清晰，我理解一切相關背景，也可以做得比團隊其他人還要快。「指派及監督／期望最佳成果」感覺更像是賭博，讓我感到很不安。我常會想，如果我自己就能完美做好工作，為什麼還要交辦給別人；我也擔心為團隊帶來負擔，或者他們是否有能力做出我所期待的成果。

第一種模式創造出難以維持的冗長待辦清單，導致我自己成為進展的瓶頸，也為自己的過勞鋪了路。第二種模式的結果則不太一致，有時候成果非常成功，增強了我對團隊成員的信心；但有些時候，成果未能達到我的期望，讓我對那位成員的信心降低，也讓我更不願意委派工作。

舉例來說，我指派一項工作給一名直屬部下，我認為他在那項主題上比我更加專精。我預期他會有足夠的背景資訊，不需提前詳細討論，便能準備好即將到來的簡報，但當我審閱簡報草稿時才發現，我沒有提供足夠的背景資訊與方向（例如範例、目標等），結果我不得不重新修改他的作品，這不僅打擊了他的信心，也讓我自己熬夜加班。

我明白我必須調整做法，放棄一體適用的框架。使用委派任務調節器作為診斷工具，有助我判斷某個特定案例需要哪種程度的背景資訊、脈絡和指引。對於一些經驗較豐富的團隊成員，委派任務的方式需要更多引導與教練式技巧，而不是直接指定成果內容；現在只有在特定情況下，我才會採用這種方式。

舉個例子，有一次我在幫一名團隊成員準備與一名關鍵內部夥伴的艱鉅會議，我請他思考對方的顧慮，以及這次會談的成功結果會是什麼樣子。按照我以往的工作風格，我會列出議程項目，或許還會親自主持會議。但這次，我的提問讓這位團隊成員自己設定了議程，並促使這場會談取得了成功結果。如今，他對於自己能有效影響他人、處理挑戰的能力變得更有自信了。

我不會說自己已經擅長運用委派任務調節器，但在過去幾個月裡，我看見了實質的進步，也期待未來持續進步，為自己和團隊帶來正向影響。

### 微習慣：委派任務調節器

- 每天一次，提出一個引導式問題，而不是提供指定方向。
- 停下手邊工作，問自己是不是有別人可以且應該做這件工作。

第12章

# 擺脫瑣事之網

如果你讀到這個章節名字的第一個反應是類似於「莎賓娜，你根本不懂」，那你來對地方了。我可以向你保證三件事：

一、我懂你。

二、你並不孤單。

三、你有方法可以脫離這個困境。

為了讓你擺脫每天被瑣事壓得喘不過氣的困境，首先要回過頭來了解你一開始是如何陷入這種境地。你是怎麼被數以千計的細枝末節淹沒，以致工作令人窒息、難以承受、讓人洩氣？更重要的是，為什麼會這樣？

以伊斯拉為例，可以深入了解瑣事之網之所以誘人的背後心理機制。他是一家醫療器材製造商的人資長，從人資部一路晉升到現今的高層職位，負責監督這家跨國企業裡各個人資部門。如同疫情時期負責「人事」相關事務的高階主管，伊斯拉發現規劃新冠病毒檢測與遠端工作極為錯綜複雜。事實上，我與一小群人資長客戶每兩週召開一次會議，他們此時肩負起新的職責，甚至戲稱自己為「新冠長」。這是每個人從未經歷過的未知領域，他們的技能必須以史無前例的速度提升，以因應瞬息萬變的局勢。對伊斯拉而言尤其如此，因為他的公司是供應醫院急需物資的前線單位，所以我們將每兩週開會縮短至每週開會，以協助他應對每日不斷湧現的大量挑戰。

在我們的一次會議中，伊斯拉隨口提到，他們尚未決定辦公室裡新冠檢測防護簾幕的高度。出於我對伊斯拉的了解，我立刻明白他之所以輕描淡寫地提起這件事，然後又迅速帶過，表示他既希望我能注意到，又希望我不要追問。當然，我直接戳穿了他。

「等等，我沒聽清楚，」我說，「你說你正設法解決什麼事情？」

「喔，我們正設法決定新冠檢測區醫療防護簾幕的適當高度。每個人早上都要先快篩才能進辦公室，如果我們使用一七七公分的高度，我擔心人們會覺得不夠隱密，然而二二三公分的簾幕還要兩星期才能送來，而且會遮蔽窗戶，可能導致幽閉恐懼症。」他說。

這些都是合理的擔憂……對人資主任而言。然而，對於全球疫情時期的人資長來說，快篩簾幕高度這種細節，就如同海嘯來襲時，你在逃命途中想要拿掉鞋裡的小石子一樣微不足道。

和伊斯拉一樣，很多時候，我們會高估一些跟長遠目標無關的工作的重要性。沒錯，你的行事曆可能塞滿了一場接一場的會議。沒錯，每天接踵而至的問題、需求、任務和請求多不勝數。沒錯，你的精力遠遠不足以應付每一件待辦事項，而我們所處的世界必須用更少資源完成更多事情。我完全理解，相信我。但就像我經常跟客戶說的，真正的挑戰不是設法解決待辦清單，而是檢查為什麼那些事情會排在待辦清單上。當你應該集中精力逃離海嘯時，哪裡還有空閒挑出鞋裡的小石子？

儘管深陷瑣事之中有時令人負擔沉重，但它也讓我們待在安全的舒適區裡。這就是面對壓力時的「自動化」反應，也就是回到熟悉的模式。離開舒適圈總是伴隨著風險。請記住，在壓力之下，大腦所有的神經元突觸都在奮力讓我們遠離危險。而保持「安全」通常意謂緊抓著過往職位的任務不放，就像伊斯拉一樣，那個決策完全可以由他的直屬部屬來做。在那之前，伊斯拉一直是世界級主管的副手，前任人資長總是接受他的建議，但伊斯拉並不是做出最終決策的人。突然間，他位於高壓的角色，而他犯的錯誤可能導致團隊、甚至整間公司誤入歧途。他做出的決定可能會惹怒某些人。英國前首相東尼・布萊爾（Tony Blair）曾說過：「當你做出決定，你便劃出界線。」伊斯拉極度渴望被人喜愛，因此他感到不安，明白無論他做出什麼決定，總是會有人不高興。

如今，伊斯拉只能站在人前，無法躲在別人背後，他縮回從前的模樣，而不是他應該成長茁壯的樣子。為了逃避不適感，他繼續做著自己習慣的工作，而不是專注於他應該負責的策略性、全局性的任務。許多主管在不知不覺中受到史前生存腦的指揮，會做出這種回頭望的選擇，卻沒意識到（一）自己正在這麼做、（二）為何會這麼做，以及（三）這麼做與他們更高職位所需要的完全背道而馳。

相對於遠古的更新世時代，現代社會更大的誘惑是你總有千百個理由說自己無法踏出泥淖，進行更宏觀的策略思考。造成威脅的不再是老虎，而是一種在深夜裡連全球最具創新力的思想領袖都會感到不安的恐懼：「萬一我其實沒有策略性思考的能力呢？萬一我提出的想法將迫使我面對艱難的現實，做出我根本不想碰的重大改變呢？萬一我的主意不管用，而我就此失敗了呢？」

但事實是，只要騰出時間與空間，任何人都能進行策略性思考。問題在於，你是否願意脫離瑣事所構成的保護盾，走進那個空間？你是否願意挑戰自己，提出更宏觀的問題，探索自己策略能力的極限？更進一步來說，你是否願意將自己在那片清明空間中構想出來的願景付諸實踐？

瑣事的泥淖讓我們唯一提供者的行為模式變得更明顯，這片泥濘地帶喚醒了照護者「有我在，別擔心」的本能，他們衝進來接手別人的待辦事項，外加自己的。優等生則是受到微管理每項細節、力求完美的誘惑。閃電俠首先檢查自己的待辦清單——一遍又一遍。最具代表性的或許是，打地鼠冠軍沉浸於他們所渴求的瞎忙無底洞。

忙碌是用來逃避的絕佳藉口。當我在一家非營利機構董事會任職的時候，另一名董事自告奮勇要動用她的資源來籌措該機構升級資訊系統所需的資金。這位女士朝氣蓬勃，人脈甚廣，所以這看起來再理想不過。然而，這種行為種類的典型，就是她忙到不行，結果從來沒有推進任何計畫。每次董事會議上，我都會做好心理準備，因為我知道我即將聽到她連珠炮似地說：「喔，我的天，我實在太忙了……你最近也跟我一樣忙嗎？我們真的都太忙了！」

這位女性正是一個經典例子，說明了瑣事纏身是多麼方便讓我們脫身。人們很難承認「自己忙到無法脫身」是一種選擇——我們時常閃避真相，因為這意味著我們必須面對自己未滿足的渴望，也就是希望被視為不可或缺。我的客戶蘿絲瑪莉有四個小孩，還有一份身為教授與研究員的繁重工作。她將職場上的嚴謹態度也全部帶回家，最近，在抱怨工作與生活負荷太重時，她說：「實在太多了。我白天要工作一整天，回家後還得做晚餐、打掃，然後繼續加班工作。」

「哇，」我說，「家人們都在做些什麼呢？他們至少可以幫忙打掃吧？」

「喔，他們用洗碗機時擺放得都不對，」她說，「所以我只好自己來。廚房必須百分之百乾淨，我才能上床睡覺，所以我乾脆自己將事情做完。」

問題不在於蘿絲瑪莉的待辦清單，而在於她對掌控感的需求。萬一廚房在她睡前沒有百分之百光潔無瑕，會發生什麼事？要是她真的學會正確地委派任務，給予那些不會用洗碗機的家人們維生素而不是止痛藥，會發生什麼事？倘若她承認自己在戲劇三角裡扮演拯救者，又會有什麼轉變？記住，我們在自己的環境裡都算是某種共謀。真正的選擇在於你是否願意看清自己深陷瑣事泥潭，然後——以下是關鍵——你是否願意在看清這件事後，採取不同的行動。

身為主管，你的角色是主廚，而不是料理台上的廚師。你的工作不是切蔬菜絲，而是構思新食譜。準備食材的工作是你的職涯起步，但隨後你就需要將準備餐點的工作交給別人，因為你必須親自動手的工作結束了，你需要空出雙手去創造下一波大趨勢。很多人離不開爐子，因為他們相信對自己述說的唯一提供者的故事——沒有人能像他們一樣做得又快又好又徹底。但這背後其實是我們對職場存活的恐懼：「如果我不再做這些，那我是誰？我的價值何在？如果我讓出這項工作，接著還要讓出什麼？我真的值得升遷到更高層級嗎？我真的想要嗎？」關於委派與授權，有太多的藉口。我在開始輔導一位主管時，會問的五個問題之一就是：「你在多大程度上會授權？」幾乎每個人都說：「當我信任一個人時，我就會授權。」但他們沒有考慮過自己該如何與團隊建立及培養信任，好讓團隊有能力做那些超越原本工作範圍的事。

你了解數據，你了解競爭對手，你可能也擁有豐富的組織經驗，但你升得越高，越有可能追逐你不再需要的細節，例如新冠快篩簾幕的高度。並不是說細節不重要，而是這些細節占據了你本來應該做其他事的時間與空間。你真的需要在試算表裡深挖三層嗎？如果你的答案是肯定的，那意味著有兩股力量在運作：第一，你還不願意放下過去的角色、邁入新角色；第二，你不信任你的團隊能掌握那些細節。若是後者，你當然可以將責任全推給他們，而且你或許是對的，但請記住，身為主管，你總是脫不了關係。把自己塑造成受害者（或拯救者）比較便利，而不是在我們自己的故事裡當個壞人。當主管，意味著負起責任與承擔結果，但這不代表要事必躬親，而是要教導團隊，給予他們促進成長的維生素，而不是暫時有效的止痛藥。

深埋於瑣事之中並不會是永久狀態。接下來要介紹的「空白空間」（Blank Space）工具是一項強效手段，有助你爬出讓你寸步難行的泥潭，重拾清晰、有策略的思考能力，喚回你的創造力——當然還有你的幸福感。

**反思時間**

如果你在行事曆中清空了瑣事，你便有時間可以做什麼（或者相反地，必須面對什麼）？

## 空白空間：騰出空間給真正重要的事

當你經歷這些深陷瑣事的明顯跡象，便能使用這項工具：

- 你經常感到時間緊迫或壓力過大。
- 你無法從瑣事中抽身以看見全局。
- 你難以清晰思考。
- 你出現了倦怠的症狀：失眠、精疲力盡（生理、心理或情緒上）、對工作失去興趣或樂趣、感到無能或無用、容易激動、難以集中注意力、依賴酒精或食物等慰藉方式來安撫自己。

我們對瑣事的過度關注，不僅讓我們困在無關緊要或別人可以處理的細節，還會阻礙我們構思重大想法。我們其實比自己以為的更有創意、知道得更多，只是需要給這些想法一些空間，才能浮現出來。

大量科學研究證實，當我們給大腦安靜下來的機會，就會產生最出色的思考。當負責執行功能（例如決策、分析和規劃）的大腦區域暫停運作時，創造力會達到高峰。而當我們獲得一段安靜的時間，負責學習和記憶的大腦區域會產生新細胞。當我們將注意力轉向內在時，靈感才會自然而然地浮現出來。這正是為什麼我們的最佳創意時刻往往出現在開車兜風、洗澡、跑步或遛狗時。

多年前，直到我停止忙碌奔波的行為，讓內在的雷達即時重新校準，我才突然驚覺：我並不想晉升到副總裁職位，即便那觸手可及。有時我會想，如果當時沒有給自己那個空間，讓內心真正渴望的職業浮現出來，我的人生會是多麼不一樣。或許我會在某一天醒來，想不通自己為何明明在重要舒適的企業副總裁職位上，卻感到如此悲慘。

留白的空間其實比許多管理者所意識到的更為重要。當你身處權威角色，你會扮演節拍器，為整個團隊設定節奏。為了重新設定我們的節拍器，並創造新的方式來因應挑戰，我們需要消除雜音，騰出思考的空間。我稱之為空白空間。就像我們閱讀一本書時，之所以能清楚辨認每一個字、每一句話，是因為在字母、單詞、句子、段落之間，甚至在書頁邊緣，都有留白。若沒有這些空間，書頁將是一團混亂的墨跡。我們的時間亦是如此，空白空間讓我們可以清楚閱讀自己腦海中的想法。我們不需要太大的空白空間，只需足夠的空間，足以理清我們正在做什麼，以及我們是否真正專注於正確的事情。

比起其他工具，空白空間或許更需要注意成本效益分析。我向那些最忙碌的客戶說他們需要從忙碌中抽身，即便一下子也好，「對啊，但是」便立刻以墨西哥灣岸颶風般的威力襲來。「你瘋了，莎賓娜，我連見小孩的時間都沒有，更別提留點時間給自己……」、「哈，如果我有那種奢侈可以抽身就好了，但就算我可以，每件事都會崩塌……」、「我有太多事要做，根本沒辦法空出任何時間……」我們內心的渴望立刻拉響警報，因為那些讓我們感到安全的習慣正受到威脅。損失時間或者損失我們（自以為擁有的）對工作的強烈掌控，可能令人感到不安。

然而，你此時此刻正在讀這本書，是因為你想要追求成長。你早已知道繼續照原路走下去會產生什麼結果。問題在於，你是否錯過了某些可能讓你超越現狀、突破現有格局的機會？

是的，你必須犧牲一些工作時間來創造空白空間，但正如你接下來將讀到的故事，這筆時間的支出最終會值回票價。

## 付諸實踐

多年來，我和客戶一起實驗了不同長度的空白空間，也探索了各種能維持這種狀態並帶來轉變的工具。以下的客戶故事將揭示那些實驗所帶來的成果，有助你建立屬於自己的空白空間練習。

## 像對待其他重要事務一樣來規劃空白空間

預定與保護空間是成功的第一步，為了規劃你的每週空白空間，要盡量預約連續兩小時的時間。我之所以會建議兩小時，是因為這段時間足以讓我們的待辦事項與其他日常思緒安靜下來，從而讓更宏大的想法變得具體。

我的客戶彼得是食品業連鎖店的行銷經理，他提到自己如何預約空白空間：

對我來說，最重要的關鍵是每兩週檢視一次行事曆，並和我的行政助理合作，在我的日程中正式劃出時間。我們通常會選擇在星期三或星期四安排兩小時的時段；選擇那兩天並沒有特殊理由，只是發現那個時段最適合我們的安排。如果我們沒辦法每週都安排時段，我會盡量不要太沮喪。我們大多能每隔一週安排一次，有時候甚至可以連續好幾週都劃出時間。幸好我的行政助理在行程管理方面非常有一套，而且她很尊重這段時間，不會因爲第三方看似「緊急」的請求，就試圖說服我將時間讓出來。

## 什麼都不做（或者至少接近什麼都不做）

下一個問題是，我們在空白空間究竟要做些什麼？最純淨的形式是我們什麼都不做；我們單純坐著，或是散步。以下是彼得分享自己「什麼都不做」的時間：

對我來說，這段時間必須眞正沒有干擾。我「不被打擾」的方法是離線，通常也會離開辦公室。起初，我以爲上網沒關係，因爲網路上有很多優質而豐富的內容可以拓展思維，但後來我發現那不適用於我——工作相關的彈出訊息實在太多了，不是干擾我，就是太容易令我分心，例如電子郵件（私人和公司）、公司新聞、股市資訊，甚至是一般新聞。對其他人來說，這些主題在他們的空白空間中或許是完全可以接受的，但我不行。

當我在戶外（我最偏好大自然）進行百分之百、毫無拘束的思考時，我的空白空間是最有效的。森林、山岳、湖泊、河流和小溪都很好。在大自然中開車兜風不錯，散步更好。人造場域也可以，尤其是那些我沒有任何情感投射或依附的地方，例如西雅圖我從未去過的新區域。（十次之中有九次，當我離開辦公室、坐進我的車時，我根本不知道自己要去哪裡。）當我這麼做時，會設法不糾結於任何特定事情。我就只是在當下。我觀察、感受、體會、呼吸、看見。這莫名洗滌了我，真的就像是我的大腦被洗乾淨了——有時我確實會在頭部感受到一種實實在在的生理感受，彷彿有人輕柔地拭去我腦海中的所有雜訊。

如果這種漫無目的之閒逛感覺太有挑戰性，不妨給自己一些無須動腦就能做的事。帶上一本素描本和彩色鉛筆去塗鴉；玩積木或做些簡單的手工活動。有趣的是，像洗碗這樣的瑣碎工作，也是空白空間的最佳選擇之一。作家布蘭登．山德森（Brandon Sanderson）在小說《翠海的雀絲》（*Tress of the Emerald Sea*）中寫道：「人們常犯的一個大錯誤是以為從事粗活的人不喜歡思考。身體勞動有益於心智，因為它會騰出大量時間讓你思考這個世界。其他工作，例如會計或抄寫，不需要花體力——卻會榨乾腦力。假如你希望成為說故事的人，以下是個訣竅：出賣你的勞力，而不是你的智力。給我一天十個小時洗刷甲板，啊，我能幻想出無數故事。給我一天十小時算數學，到最後我唯一的幻想只會是溫暖的床和不用動腦筋的夜晚。」

無論你想選擇摺紙、洗窗戶或散步，關鍵是找出最適合你的空白空間環境。彼得雖然喜歡在大自然獨處、不刻意思考的時間，但偶而也會選擇另一條途徑：

另一項計畫通常包括我最近正在閱讀的書，而我覺得它有潛力教導我新思維。我會在公園或湖邊找個安靜地方，坐下來讀個兩小時。對我而言，閱讀的淨化感比不上單純思考那麼強烈。即便是引人入勝的新資訊，仍像是某種工作，無法帶來那種源於無拘束思考的心靈自由與洗滌感。但如果內容夠好，仍然會有很大的正面影響。相較於單純思考，我在閱讀時，靈光乍現的時刻較少，但還是會有這種時刻——只是透過別人的聲音傳達出來，沒有那麼多來自於我自己。

## 對「猴子思維」要有耐心

對許多人來說，練習空白空間的初期階段可能有些不安。任何一位冥想的實踐者都會告訴你，什麼都不做的前幾分鐘是最困難的，因為我們滿腦子都是正在彈跳的思緒。「我忘了做這個……」、「我得提醒他們做那個……」、「我是不是忘了關咖啡壺？」這種狀態的非正式名稱是「猴子思維」（monkey mind），彷彿我們的思緒在樹枝之間擺盪，大聲喧嘩、引人注意。你要有耐心撐過前幾分鐘；剛開始練習空白空間的人或許需要撐過第一個小時，但等你讓那些猴子亂動一陣子之後，牠們就會安靜下來。

## 選擇一個主題

對一些客戶來說，為自己的空白空間設定一個主題是有幫助的。你可以每週選擇一個大主題，比如你一直拖延處理的棘手事項，因為它無法在兩個會議之間的十五分鐘內解決；也可以是更為廣泛的主題，例如「我的團隊」。輕鬆面對你的主題，不要刻意導引你的思緒——只需任由思緒漫遊，並隨手記下浮現的想法。你的大腦可能會開始迸發靈感，或者，至少你的大腦會得到充分休息，之後便能帶來高效表現。你也可以持續記錄在空白空間中出現的想法，列成清單，久而久之或許會連結起來，形成某種模式。這正是廣告銷售經理莉緹夏的經歷，有一天，她回顧自己的清單，注意到公司在亞洲市場有個機會點，她寫了一份備忘錄給董事會，隨即獲得兩級晉升，並被指派負責公司在亞洲的策略規畫。

另一方面，彼得如此描述他對空白空間的體驗：

剛開始做空白空間練習時，我原本預期或希望能爲目前的工作帶來一些靈感，但那從未眞正發生。取而代之的是，當我傾聽自己內心的聲音，我所經歷的是是一種漸進的、更深層且相當美妙的自我理解，我開始明白自己是誰，以及我能爲社會帶來什麼價值（不僅限於職場範疇）。那個聲音一直都在，只是我聽不見，因爲我總是在各種喧囂中穿梭，從一場會議趕往下一場、從一封電郵跳到下一封、從一場辦公室鬥爭到下一場、從一種憂慮變成下一種。我現在終於明白，靜下來、記起自己是誰，反而是無聲勝有聲。

### 微習慣：空白空間

一天一次，遠離所有電子設備、閱讀和交談，持續三十秒。望向遠方，在門前的階梯走上走下，或者只是閉上眼睛也可以。

## 承認情緒抗拒

忙碌的習慣是很難戒除的。忽視自己對於離開工作崗位的抗拒心態，其實徒勞無功；罪惡感是一種強烈的情緒。關鍵是承認「忙碌＝重要」這種現狀的吸引力，然後，**無論如何都要進行空白空間練習**。

以下是彼得的感想：

進行空白空間練習總是伴隨著罪惡感，那種情緒多半出現在預定休息時間接近、我正想著離開座位的時刻。當我關掉電腦、走向電梯時，那種感覺會更加強烈。最糟糕的尤其是，當我搭電梯往下十二層樓、去停車場的路上遇到同事。我想像他們會注意到我要去某個地方，卻沒有帶著辦公用品，一定會覺得我要蹺班。事實上，我確實是（笑）。我會想到我的直屬部下，猜想他們會怎麼想，如果他們知道上司正走出大門，而他們——我所想像的是——都在埋頭苦幹。我擔心他們會不尊重我，或認爲我偷懶。

當我從空白空間回來後，我明白感到內疚是多麼愚蠢，因爲我剛剛所經歷的，會讓我變成一個更好、更完整的人，也讓我回到工作崗位時，將原本的自己銘記在心，重新燃起實現那個理想的決心。

## 專業祕訣：克服空白空間的五大常見阻礙

**阻礙：**重要會議綁架了我的空白空間。

**策略：**找一個較不熱門的開會時段，例如一天當中早一點／晚一點的時間，或星期五下午。

**阻礙：**別人先預定了我的時段。

**策略：**取一個重要的名稱，例如「策略規畫」，可以讓看見你行事曆的人不去搶那個時段。

**阻礙：**我滿腦子想的都是我的待辦清單。

**策略：**在這段時間之前先預定一些辦事時間，你就不必放棄待辦清單。例如，若你的空白空間是星期五早上十點至十二點，先預留一些時間在星期四下午三點至五點，以清空收件匣及任務清單。

**阻礙：**我總是因為電子通知而分心。

**策略：**消除雜音，離線。不上網，沒有電子設備，沒有對話，不閱讀。若你對自己說「我只是在做些研究」，過沒多久你可能會開始狂看YouTube。

**阻礙：**人們會打斷我。

**策略：**地點很重要。如果你遠離工作、甚至是家裡，你可能比較不會受到打擾。

客戶案例：在另一棟大樓預約一間會議室；在公園裡散步；躺在庭院裡的吊床上；本地的咖啡店。有一個人的目標是嘗試城裡每一家派餅店——每週，他會點兩塊派，在一家新咖啡廳待上兩小時。

## ※空白空間的真實案例：沙特吉的故事

兩年前，我似乎處於不停在滅火的模式，忙著兼顧我的日程與提交成果。我那時的職涯處於非常被動的時間點，我無法為我渴望的事業狀態擬定有意義的長期計畫。以這種方式經營事業的另一項負面衝擊是，我的工作侵入了我的私人生活。我總是早早進公司，工作到六點，回家與妻兒相處幾小時，等他們睡著後，我又會上線工作到午夜，甚至更晚。翌日早晨醒來後，又重複同樣的循環。我的家庭因此深受影響，我的工作影響力也沒能達到應有的程度。

大約在此時，我開始與莎賓娜諮詢，她建議我採用空白空間的方法。起初我不太情願——抱歉，莎賓娜，我根本無法想像坐在沒有手機和筆電的房間裡三到四小時，還要期待自己能激發出關於事業的想法和創意。我就是認為我做不到。一開始並不順利——我糾結於遠離電腦所「損失」的時間，沒辦法完全不使用電子設備。

然而，我下定決心要貫徹這項方法。果然，隨著時間過去，我越來越能長時間遠離電子設備。幾乎是立刻就有了成效，這也給了我很大的正向激勵，讓我願意維持下去。我的點子開始重新湧現，工作品質也改善了。另一項收穫是，我的家庭生活也改善了。現在我在家裡幾乎不會碰任何工作設備，跟家人的互動也變得更好。

每個人都不一樣，但我為自己的空白空間設定了兩種不同方法與基本原則。我會在行事曆上標示每週的空白空間，我的主管與團隊成員都知曉這個時段，過去兩年來也逐漸學會尊重我的時間。除非是家庭義務或其他情有可原的重要狀況，否則我不會讓任何事情與這段時間相衝突，現在這類例外一年內也只會發生一兩次。設定這種堅定的界線，是讓空白空間有效運作的關鍵。

我用兩種方式來打造空白空間。一種是將自己鎖在與平常辦公室不同大樓的會議室裡，另一種是走到戶外。我可能會騎自行車兩到三小時，當我在騎車時思考，往往能冒出最具創意的點子。我運動時從來不聽音樂，只有我自己、我的自行車和我的思緒，這對我來說非常有效。我的團隊成員也回饋說，我經過這樣的沉澱時間之後，變得更加專注與放鬆，是個更好的領導者，也更能注意到以前可能遺漏的細節。我能夠看清全局，而當我看到那些還沒採用這項方法的同儕們，彷彿看見兩年前的自己，像無頭蒼蠅般忙碌奔波，沒有發揮出我應有的領導力。

第13章

# 超級英雄症候群

「我必須將每件事情都做完。」唯一提供者說道。

超級英雄不甘示弱地回應：「喔，我不只必須做完，還能做得很好。」

他們絕對不會犯錯，只靠四小時睡眠、咖啡因與能量棒就可以存活。就算得了流感，也照樣遠端工作。不論是用言語還是行動，他們會對親朋好友清楚表明工作優先。出門度假時（如果有的話）帶著筆電，寄電郵給全宇宙，讓大家知道即便他不在辦公室也能隨時聯絡到他。我們都認識這種人，甚至我們自己可能就是這種人。

超級英雄們，歡迎來到你們專屬的壓力陷阱。你真的能將每件事情都做完嗎？或許可以。這對你擔任主管有幫助嗎？你心裡早已知道答案。

那些有著超級英雄症候群的人，或許會留意到壓力升高時、可能讓他們爆發的觸發點，但他們往往會完全忽略這件事。還記得貝妮塔嗎？她的員工揚言要集體出走，因為他們實在太不快樂了。即使貝妮塔一開始不明白她的行為所帶來的影響，但她確實了解自己的某些傾向。她知道星期三對她來說特別有壓力，因為那天是她為業界刊物撰寫每週專欄的截稿日。但她卻堅持那「根本不是問題」，照樣將重要會議安排在星期三，結果幾乎全部以悲劇收場。直到我們開始追溯她的三六〇度評量中的許多事件，發現幾乎都跟星期三有關，她才終於看出那之間的關聯。

我的重點是，即使你認為自己正在咬牙撐過去，其實不然。倦怠感與情緒透支會穿透你的心理，滲透到你的身體和生活中。如果你需要證據，可以問問你生活裡最親近的人──你的伴侶、小孩、朋友，他們會坦白地告訴你。未經管理的壓力會將我們扔進暴躁脾氣的陷阱，讓情況更加險峻且失控。如同綠巨人浩克，你的最佳特點會變質為最差特點。

我的客戶瑪雅是勁量電池型的人，她在早晨七點前完成的事情比許多人一整天做的還要多。然而，每當她嚴重睡眠不足，那股能量就會變得慌亂，她開始在細節上出錯，溝通時也變得咄咄逼人。她的三六〇度評量裡有一則評論說：「當瑪雅疲憊又壓力大時，會變得很無禮、更難溝通。她會進入一種模式，打斷別人說話、甚至翻白眼來駁斥他人的觀點。這種時候大家都盡量躲著她。」我經常提醒她，她在精疲力盡的狀態下表現並不好；劃掉十件待辦事項以換取幾小時的睡眠，才能帶來更多、更好的回報。

當你身處權力職位時，照顧自己不是你需要在工作之外挪出時間來做的事；它應該要是你工作的一部分。我甚至會說，這是你工作的第一優先事項。你的心靈、身體與情緒健康，是你領導與管理團隊邁向成功的動力燃料。假如你的內在機制運作順暢，你會達到最高效能。但若它故障或冒出濃煙，你的創造力、工作滿意度和成果也會受損，不僅是你自己，還包括那些仰賴你的團隊成員。

主管並不好當——超出大多數人能夠合理承受的程度，更別說在其中茁壯成長了。我合作過的幾乎每一位管理者，最終都明白了一件事：如果他們想要茁壯發展，就必須投入大量心力於自我照顧。研究顯示，自我照顧與成功之間的關聯無可置疑。在針對「企業運動員」的研究中，績效心理學家吉姆・羅爾（Jim Loehr）與企業執行長東尼・史瓦茲（Tony Schwartz）根據運動科學指出，阻撓卓越與致勝的不是壓力本身，而是缺少恢復的時間。他們強調，一般職業運動員將大部分時間投入於訓練，只有少部分用於比賽，相較之下，一般高階主管幾乎不花時間訓練，但卻被要求每天高效表現長達十二小時。

我想你已經明白重點了。分配復原時間與工作時間，是脫離混亂狀態、進入更高層次、啟動更佳思考的關鍵。當然，工作上會有許多事情需要你的時間和關注，但關鍵問題是，如何在照顧這些事情的同時，也不犧牲自己的需求？

答案就在於每小時、每一天評估自己所做的選擇。

人們往往將工作的忙碌置於自己的一切之上，直到撞上那堵牆。唯有到了那時，他們才開始重視最基本的自我照顧。我已經數不清多少客戶有腸躁症、高血壓，或是婚姻觸礁、親子關係破裂等等，全部的藉口都是「那是我的工作……我別無選擇」。

我以前也是那麼想的。正如我先前提到的，最容易患上超級英雄症候群的人是優等生——我很熟悉這種人，因為我自己就是。我這一輩子都想要當房間裡最聰明的人、絕對不能失敗、因為完美績效而受到重視、永遠都知道答案、成為頂尖人物。打從我兩歲起，我家就有了這種傳說。父母帶我去動物園時驚嘆不已，因為我能說出所有動物的名字，而我同齡的表親只會說「媽媽」與「氣球」。我聽到他們一再吹噓這件事，這種優越感也因此在我心中逐漸滋長。隨著年齡增長，這種優越感變得堅不可摧。我無法抗拒挑戰，無論多艱難的情況都無法擊倒我。我極度執著於考試成績，有一次在停電時點蠟燭讀書，直到我聞到刺鼻的燒焦味，才發現頭髮意外著火了。在職涯初期，我每天工作十六小時，拚命堅持完成每一件事。哪怕是在我父親去世的隔天，我也只是在辦公室裡大哭十五分鐘，然後繼續幹活，直到我搭機回印度處理他的後事。

身為主管，我的日子總是處於危機處理模式，時常感覺自己像個外野手，不停地來回奔跑，接住向我拋來的各種問題和挑戰。我百分之百相信這是應該的，直到有一天，我的神經系統崩潰，出現了足以令人癱瘓的眩暈，我不得不放慢腳步——大幅放慢。我有很多恐懼，擔憂事情的結果（不好），也擔心如果減少工作量，別人會怎麼看我（不會太好）。但就像超級英雄感嘆自己別無選擇，這回我是真的沒有選擇。直到現在，優先照顧自己的健康已變成不可妥協的事。是時候脫下我的超級英雄披風，去治療完美主義所造成的工作狂了。

為了做出改變，我評估了哪些事情占據我的時間，以及我答應了哪些邀請。舉例來說，為了配合不同客戶的時程表，我的開會時間分散在一整週，這表示我基本上沒有一天是完全休息的。我選擇將每週二標示為無會議日，我不僅不在星期二安排會議，還向客戶的助理明確表示，我每天都有空，唯獨星期二不行。設定清晰的界線，讓別人明白什麼時間是可行的，也減少了每次收到新諮詢時反覆協調日程的次數。你猜怎麼著？不但沒有人因此解僱我，似乎也沒有人在意這件事。

下一項挑戰是如何在不犧牲休息時間的情況下，還能保持回應迅速，而這是我引以為傲的一點。我不再急著立刻處理每個請求，而是堅持停下來判斷什麼才是真正要緊的事情，需要立即關注。例如，客戶會問：「莎賓娜，我剛才接受了CNN訪談，你能不能看一看並給我回饋？因為我想為下一場媒體採訪進行更充分的準備。」我不會再像以前那樣立即檢視該訪談，並延遲前往健身房的行程，而是先問他們安排的時程。十次裡有九次，他們的時程安排都比我預期的長，通常是兩到三倍。

我亦學會一個可能是設定界線中最困難的部分：說「不」。當然，我很想飛到杜拜發表那場演說……或者為我的客戶與他的團隊在墨西哥主持異地會議……或是接手那一長串迷人的教練客戶。誰不想呢？然而，在每一次機會來臨時，我都必須問自己：「如果我選擇答應這件事，我要放棄什麼？要妥協什麼？」時間和心力是有限的資源，所以這永遠是一種權衡取捨。是的，即使是那些自封為無懈可擊的超級英雄，也無法例外。

在這些情況中，我不會進入直接接下工作或答應任務的預設模式，而是會問自己需要做什麼以設定界線、確認別人對時程的期望、判斷任務的緊急程度。結果，我不僅得到更多睡眠、更常運動、避免不必要的眩暈發作，也因為我得到更充分的休息，所以在清醒時間裡更有效率，完成的事情也更多。直到今日，我依然透過這個方法，在更短時間內完成更多高品質的工作。我學會了維護自己的身心健康，是保持專注的基礎。

你已在第二部讀到，倘若你想要成為強大、自信、高效的主管，你首先必須成為你自己的強大、自信、高效主管——這包括主動掌控自己的時間與身心健康。並不是「總有一天」或「等我有時間」，就是現在。

自我照顧通常包括一些基本常識——睡眠、運動、營養、讓腎上腺系統穩定下來的休息時間、培養感恩之心、與摯愛之人共度時光。無論你是選擇冥想app、每天跑步五公里、親近大自然、閱讀，或者和愛犬一起躺在沙發上都可以——你很聰明，知道什麼最適合自己。重要的是，你得去做。時間投資組合（Time Portfolio）工具將告訴你如何將「總有一天我會照顧自己」的幻想，變成你每天都能實踐的現實，並持之以恆。

畢竟，自我照顧才能給予我們真正的超級英雄力量。

## 時間投資組合：重拾你的寶貴時間

使用這項工具來配置你一天有限的時間，尤其是在這些時候：

- 你的行事曆感覺即將失控
- 你其實想要拒絕，卻答應了
- 一天結束時，你對無法劃掉的待辦事項感到挫敗
- 你沒有時間進行全局策略規畫
- 你的私人關係及／或健康受到影響

「我的時間不夠。」

你有多少次這麼想過？我已經數不清有多少客戶曾經哀歎，沒有足夠的時間完成所有需要做的事。

然而，問題並不在於時間不夠，而是不夠忠誠。

我在領導力工作坊中，時常會問：「你們當中有多少人是領薪水來創新的？」幾乎每個人都會舉手。

我接著會問：「你們之中有多少人在行事曆上預定了創新時間？」二十四人中舉手的不會超過一人或兩人。

那就是忠誠度不夠。你的行事曆忠於你所說的價值嗎？

關於時間，人們常有許多魔幻思維。我們沉浸於這些想法，高估自己在兩小時內可以完成多少事情（時間仙子），相信「這次我會堅持我的時程表」（修正魔法粉），相信「無論如何事情都會完成，小精靈會幫我」（熬夜小精靈）。

我不知道你怎麼想，但我是不折不扣的時間幻想者。如果我在時程表中找到三十分鐘的空白，我心裡會塞滿需要五倍時間才能完成的二十件事。喜劇演員約翰・穆拉尼（John Mulaney）在脫口秀特輯《Baby J》中，講了某個晚上他忙得團團轉的故事。穆拉尼說他預約了晚上九點剪髮——正是他保證他會抵達朋友公寓的時間——並開玩笑說他絕對確信自己可以魚與熊掌兼得。穆拉尼大方承認他當時受到處方藥的嚴重影響，然而，我們許多人也同樣受到自身魔法幻想的影響，模糊了判斷力。

**我們對自己講述的時間故事**

一、現在正值一年中特別忙碌的時候，我需要親自處理這件事，幫助我的團隊度過難關。

二、如果我親自處理這個情況，我的團隊就會以我為榜樣，下次就會學著自己解決類似問題。

三、我這次就答應他們，因為如果我拒絕，他們可能會不喜歡我／以後不會再來邀約我。

四、這哪會花多少時間？

即便我們能將一週的時間奇蹟般地翻倍，許多人依然會面臨時間不夠、負荷過多的問題，因為我們習慣性抱持著魔幻思維。我們每個人都是講述時間故事的老手，總是低估每件事所需要的時間，高估自己能完成的事情。

我們無法扭曲時間與空間的法則，但我們可以更有意識地投資我們所擁有的時間。時間才是我們最寶貴的資產，而不是金錢。我們會設定投資組合來管理金錢，那為何不為我們的時間設定投資組合？在管理金錢時，你會盤點擁有多少資源、能承擔多大風險、未來的目標是什麼、你有哪些需求，以及如何分配資金。時間也是有限資源，一天只有二十四小時。就工作而言，你將最多的時間配置在哪些地方？你花多少時間在那些能真正提升成果（甚至提升工作滿意度）的事情上？時間投資組合能讓我們腳踏實地實現夢想，而不是沉迷於幻想。記錄你如何使用時間，有助你重新配置時間，讓你每日的行動與你更大的目標達到更高的一致性。

## 付諸實踐

以下使用我的客戶潔思敏的時間投資組合，來說明這項四步驟的程序。

### 第一步：確認你的類別

首先，列出你在工作時間內花費最多時間的主要類別。

### 第二步：列出目前的百分比

寫下你在每個類別大致花費的時間百分比，這只需要是個有根據的估算，不必完全準確，但總和不可超過一〇〇%。我有半數客戶估算出來的總和超過了一二〇%——甚至更高！這是常見的第一個錯誤。

要確保你的時間投資組合涵蓋了你的「業務節奏」行事曆——那些每年、每季、每月、每週發生的事情。潔思敏的清單如下所示：

※表1：類別與目前百分比

| 類別 | 目前百分比 |
|---|---|
| 我主管的員工與檢討會議 | 15% |
| 管理我的團隊 | 25% |
| 電郵與其他通訊管道 | 25% |
| 業界社交與建立人脈 | 3% |
| 年度活動 | 2% |
| 週期性商業活動 | 20% |
| 策略規畫與新創意 | 10% |

## 第三步：設定未來的百分比

你已明白自己目前的位置，那你未來想要前往何處？

接下來，列出你最終想在每項類別達成的目標百分比。記錄下來，寫在清單上。

以下是潔思敏的清單：

**※表2：未來百分比**

| 類別 | 目前百分比 | 未來百分比 |
|---|---|---|
| 我主管的員工與檢討會議 | 15% | 15% |
| 管理我的團隊 | 25% | 20% |
| 電郵與其他通訊管道 | 25% | 15% |
| 業界社交與建立人脈 | 3% | 10% |
| 年度活動 | 2% | 5% |
| 週期性商業活動 | 20% | 15% |
| 策略規畫與新創意 | 10% | 20% |

現在要**暫停一下**，因為這裡是許多客戶犯下的第二項錯誤：他們期望一夕之間就能將

目前百分比變成理想的未來百分比。我知道你或許想要馬上搞定這件事（我看見你了，閃電俠），但事情不是那樣運作的。請看第四步，以了解如何避免這項錯誤。

## 第四步：設定中途的百分比

如果你的未來目標是最終想要達到的狀態，中途目標便是你為達成那個未來目標所設定的進一步階段。第四步是選擇一個經過適度增減的百分比，這些調整必須是合理且能立即實行的。每一項百分比的調整，都要有一項對應的行動步驟。

以下是潔思敏包含第四步的時間投資組合：

※表3：中途的百分比＋行動

| 類別 | 目前百分比 | 中途百分比 | 未來百分比 | 行動步驟 |
|---|---|---|---|---|
| 我主管的員工與檢討會議 | 15% | 15% | 15% | 無 |
| 管理我的團隊 | 25% | 22% | 20% | 將一對一會晤從每週一次改成每兩週一次 |

| | | | | |
|---|---|---|---|---|
| 電郵與其他通訊管道 | 25% | 22% | 15% | 一天一小時關閉所有彈出式通知與電子郵件 |
| 業界社交與建立人脈 | 3% | 5% | 10% | 安排每月一次與一名買家共進午餐 |
| 年度活動 | 2% | 5% | 5% | 多參加一項線上年度會議 |
| 週期性商業活動 | 20% | 17% | 15% | 參加季度業務檢討會議而不是月度（委任部屬參加） |
| 策略規畫與新創意 | 10% | 14% | 20% | 在行事曆上留出兩小時進行策略性思考 |

選擇一或兩項對你最重要的項目來推進，並執行你的行動步驟。常見的第三項錯誤是企圖立刻改變所有類別的百分比配置。每個月底都要回顧與評估你的實際表現，並不是你**認為**自己做得如何，而是依據你所記錄的數據來誠實評估。如果你有七五%的時間皆有達標，那你就可以相應地增加或減少，以設定下個月的適當目標。舉例來說，如果你原本設定花二〇%的時間處理電子郵件，實際上卻花了四〇%，那麼下個月的目標應該是訂在三五%，而不是二〇%。

我的客戶們終於達成時間投資組合的理想百分比時，會發生一件有趣的事情。當那些淹沒他們的忙碌與瑣事被掃除之後，他們往往會產生一種短暫的不安感。請記住，原有的忙碌與其他「唯一提供者」的習慣都是出於一個目的，也就是滿足任何驅使他們的渴望。現在的問題是，你要用什麼來取而代之？

在我們一起針對潔思敏的時間投資組合努力了大約六個月後，她與我分享了一個常見的感受。

「我已經成功清空了行事曆，」她說，「但現在我很焦慮。如果我沒有一直很忙，那我會感覺自己沒有生產力。假如我的行事曆是空白的，我就覺得自己不被需要……彷彿失去了一些力量。」

「那太棒了！」我說。

可想而知，潔思敏一臉困惑。

「這是一個關鍵時刻，」我解釋說，「這正是我們努力的目標。你學會了委派任務，採取了健全的會議和日程安排習慣，並調整了你的時間投資組合，不再浪費時間在舊習慣上。你現在有空去做那些只有你能做、你最擅長做的事。」

你一直以來對於學習成為一位好主管所付出的努力，帶領你來到這個時刻。你那份致力於提升自我的決心，證明了你絕對有能力在這塊嶄新且清空的空間中，譜寫強而有力的新篇章。

**微習慣：時間投資組合**

在一天的中途設定一個鬧鐘，檢查你是否有花時間在時間投資組合中最重要的項目。如果沒有，你要做出哪些改變來轉移你的注意力？

# 第14章 喪失熱情與使命感時重新校正

從小在奈洛比長大的時候，馬力克便想要成就一番事業。在我們第一次諮詢時，他告訴我，他很仰慕一位舅舅在肯亞於一九六三年獨立後打拚成功。在舅舅創立公司養活他們一大家子，並在馬力克十四歲時給了他第一份工作之前，馬力克的家庭一直是這個國家中的眾多貧困家庭之一，七個人擠在一個只有一間臥室的小房子裡。如今，身為五十八歲的成功創業家，馬力克從未忘記那種肚子餓到睡不著、每晚與兩名兄弟頭連腳地睡在狹小床墊上的痛苦經歷。

馬力克和我開始合作，大約是在他創辦的科技公司公開上市後兩年。跟隨他尊敬的舅舅之腳步，這位曾經連醫療費用都負擔不起、更別說大學學費的男孩，改革了教育軟體，並住在紐約市以北三十英里的豪宅裡。馬力克在銀行帳戶達到六位數時所做的第一件事，便是在家鄉為青少年設立一項導師計畫。我與馬力克的初期諮詢主要是幫助他清空行事曆，讓他不會被那些本可由他人處理的無盡會議累垮。性格思慮周全且謹慎的馬力克，在我們合作約八個月後的一次會面時，顯得格外憂慮。無須過多催促，他便說出心事。

「我清理了所有混亂，」他說，「一切都很順利，但仍感覺乏味。我很感激，也很幸運能達成自己的目標。雖然這麼說有點荒謬，但我只是機械式地完成任務，已經感受不到喜悅了。」

馬力克來到許多人的故事裡常見的轉捩點：他迷失了方向。

我們每個人都有故事，這個故事的大綱由我們最初的夢想與今日的現狀所構成，情節則是沿著我們的個人使命感而推進。換句話說，就是我們的「為什麼」。你為什麼努力？你為什麼想成功？無論答案是財務保障、照顧家庭、改變觀念、減少碳足跡、推動變革、為他人帶來改變、擁有強大的影響力，還是改變世界，我們都需要一個理由才能每天起床、投入工作。那種使命感正是我們故事的動力；它將我們從床上拉起，投入戰鬥，在困境時支撐我們，並激勵我們奮鬥向前。

迷失方向與壓力有著糾纏不清的關係，既是原因也是警訊。當你喪失使命感與意義感，喜悅也隨之消失，你很快便陷入「為什麼我又在做這件事？」的迷惘境地。沒有了「為什麼」，一切都變得更加艱難。壓力逐漸堆積成悲慘，致使我們更容易受到壓力進一步侵蝕。以前覺得有挑戰性的事情，如今似乎變得不可能完成。失望變成災難；曾經讓你感到不悅的事，如今可能引發全面情緒爆發。我們的防護欄變得搖搖欲墜，讓我們更容易掉入其他的權力鴻溝和壓力陷阱。我跟馬力克說，迷失故事主軸可能是故事的終點，也可能是邁向新篇章的精采轉折。幸運的是，我自己的故事屬於後者。

之前我曾提過，當我在微軟公司升到一定的資深職位後，就有資格申請為期八週的有薪休假。我休長假的主要原因是我從未做過這種事，而我總是被那些讓我感到害怕的事情吸引。我心想自己從來沒有真正停下來過，總是被不斷努力工作的節奏推著走，就讓我來試試看那會是什麼感覺。我也認為這對我會有幫助。那時我還年輕，三十多歲，雖然外表看不出來，但我一直感到疲憊不堪。我沒意識到自己有多麼心力交瘁，直到我休假的第一天，在我出門辦完事、開車回家的途中，一股精疲力盡的感覺強力襲來，迫使我將車停在小路邊，直接小睡一會兒。這是真實故事。我在車上睡了大約四十五分鐘，醒來時，我的第一個念頭是「有什麼事非常不對勁」。當時才早上十點鐘。

我去看了醫生，做了一連串的檢驗，結果我一點事也沒有，至少在生理上是如此。接下來幾天，我每晚睡超過十一個小時，外加白天午睡兩三次。我不憂鬱——這點我很清楚。我只是累壞了，這麼多年來，腎上腺素持續在我體內奔流，現在我終於有時間休息了，我的大腦也允許我的身體崩潰。

接下來兩週，我去紐約市拜訪朋友，還創辦了我一直夢想成立的小型劇團。在我公公的建議下，我亦開始和我的第一位客戶吉娜合作。即便如此，我仍有很多時間窩在沙發上吃糖果。我從來沒有過這種空白空間，大腦的每一分能量都不再被工作占據。在這樣的寧靜之中，我有了一項清晰的頓悟：我一生都在拚命爬到頂峰，而我即將實現那個目標。我能否成為全球頂尖科技公司的副總裁已不是問題，只是時間早晚而已。我破解了密碼，我知道成功的方程式，我知道必需的步驟，而且也知道我做得到，**但我不想要了**，那份挑戰感已經消失了。為什麼我還要將未來五年的人生浪費在不停追逐我不想要的東西？

我不知所措。打從我有記憶以來，我的個人生涯志願就是要登上巔峰。另外，還有文化層面的因素，我的意思是，哪一個有望躋身美國企業菁英行列的褐膚女性會說「不了，謝謝」？

感到迷惘之際，我打電話給朋友蘿拉，說道：「我完全不曉得接下來該怎麼辦。」我曾考慮過直接把股票選擇權變現，然後離職，但那個念頭僅維持了半分鐘。蘿拉說：「你似乎滿喜歡現在跟客戶一起做的那些事情，我確信微軟裡一定有部門是做這類『與人相關的工作』，你覺得如何？」公司裡確實有一個人才發展部門，但我真的做得來嗎？為了試水溫，我聯絡了那個部門的負責人。芭芭拉最近才在一場會議上聽過我演講，所以我覺得或許值得談談。令我震驚的是，她說：「我現在就願意聘用你。」

我告訴芭芭拉，我還不太確定，我的下一筆股票選擇權還有幾週就到期了；也許現在真的該離開了。她說：「回來，我先聘你三星期。」我找技術圈的友人商量這個機會，他們都覺得我瘋了。「你不能離開，你是科技界的女性，那很罕見。」但芭芭拉願意試用我三個星期，而如果我改變主意，現在的主管也會讓我回去，我有什麼可損失的？

我離開時是事業群專案經理，再過幾年便能晉升為企業副總裁（微軟史上不曾有過褐膚女性達到那個位階）。休完長假回來後，我正式轉調到人資部門。我收拾好了我的眼球收藏品，搬到園區另一端的新辦公大樓。（是的，你沒看錯；我以前喜歡蒐集假眼球相關的東西。眼球造型的壓力球、裡頭有眼球的半透明紙鎮、頂端有眼球的筆、眼球彈珠、會喀嚓喀嚓走路的眼球玩具。）

我的職責是為公司內部的一萬一千五百名主管制定培訓計畫。負責管理培訓的部門所面臨的要求，遠超過四人小隊所能承擔的範圍。當時，公司只為主管們設立了四項全公司層級的課程。那時候，我對於成人教育一無所知，但再次面對這個令人害怕的未知挑戰，我依然全力以赴。

等到三星期結束時，我甚至沒意識到時間到了。之後每隔六個月，芭芭拉都會問我要不要續約，而那根本不是問題。以前那股澎湃的活力和熱情又回來了；我再次找到了「為什麼」。我每天都在學習新東西，感到興奮不已。以前，我參與開發的產品被數十億人使用，當我在飛機上與咖啡館裡看到人們使用那些產品，會感到很有成就感，但我從未感受過與個人的連結。然而，在教練指導與工作坊中，我看見人們眼中突然亮起的靈光，因為他們在頓悟時刻聯想到可以採取的行動。我的工作是有意義的，因為我能立刻看到影響。每天早上醒來，我都會充滿令人振奮的想法，期待當天要做的工作。我終於明白人們所謂「能夠做自己本來願意免費做的事而感到興奮」的感覺。作為不喝酒、不嗑藥的人，這種感覺真是讓我飄飄然。

並不是每個迷失的故事都意味著你需要辭職或徹底改變自己的職業道路，有時確實如此，但其他時候需要的，只是重新分配你的精力與焦點。馬力克意識到，為那些沒有特權管道的人打造與創造新的教育機會，是他最根本的使命。與董事會討論後，他找了一位營運長來負責日常營運，好讓他專注於拓展業務的方法。

迷失人生方向與熱情，其實比你想像的還要容易。人們時時刻刻總是對你有所需求，在這樣的狀態下，誰還有時間去思考「我想做什麼」與「我必須做什麼」之間的差別呢？

我會使用下列的喜悅線（Joyline）工具，協助客戶擺脫筋疲力盡與痛苦的困境，轉而讓每一天充滿活力又心滿意足。

## 喜悅線：重新發掘你的熱情與使命

就本質上而言，喜悅線工具是要找出你的使命感與意義感。當我們將內心的動力（而不是外在目標或待辦事項）當成北極星，不僅能感到更輕鬆、更快樂，也會有更全面、更持久的影響。

當你處於下列情況，便能使用這項工具：

- 你缺乏動力，或者難以專心。
- 你從工作中獲得的滿足感已不如以往。
- 你明白你失去了什麼，但又不確定是什麼。
- 你心想著這就是一切了嗎？

## 付諸實踐

### 第一步

列出十到二十個你人生中至今為止的關鍵時刻。儘管人生中充滿了重大時刻，但我們要聚焦於人生軌跡中的最高點與最低點，這些時刻應該包括那些讓你無比欣喜的體驗，以及那些令你沮喪不已的痛苦點。

舉個例子，來看看我的客戶艾拉的喜悅線。身為商業刊物的專職撰稿人，艾拉感到煩躁、倦怠、很不快樂。以下是她回顧高點與低點的清單：

**高點**

- 中學時遇到我最好的朋友
- 大學時發表了我的第一篇報導
- 獨自一人到歐洲旅行
- 在第一份工作中獲得晉升
- 創立了產業交流協會
- 彩繪我工作室公寓的咖啡桌
- 成為單身母親後，第一次帶女兒出遊
- 獲得一項重要新聞獎項
- 遇見我丈夫

- 養狗

**低點**

- 一年級時被老師怒罵，但那件事不是我做的
- 被迫參加我不適應的運動夏令營
- 交往多年的男朋友劈腿
- 我入行之後不久便發生劣質報導事件
- 與問題客户合作的艱難寫作專案
- 我的父親過世
- 確診乳癌（以及後續的手術與治療）

## 第二步

畫一條直線，然後，按照時間順序來配置你的關鍵點，右邊是高點，左邊是低點。艾拉的版本如下所示。

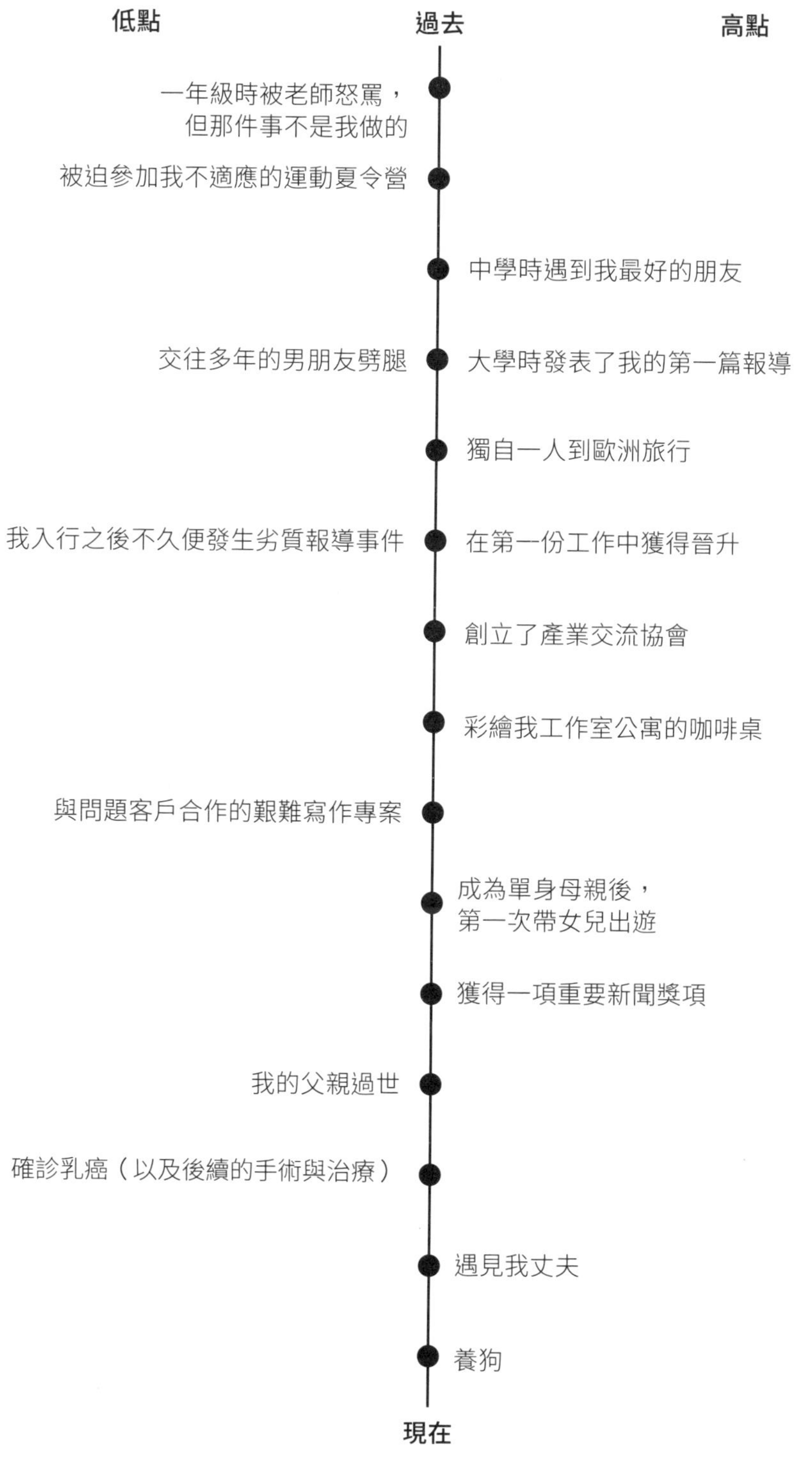
低點
過去
高點
一年級時被老師怒罵，
但那件事不是我做的
被迫參加我不適應的運動夏令營
中學時遇到我最好的朋友
交往多年的男朋友劈腿
大學時發表了我的第一篇報導
獨自一人到歐洲旅行
我入行之後不久便發生劣質報導事件
在第一份工作中獲得晉升
創立了產業交流協會
彩繪我工作室公寓的咖啡桌
與問題客戶合作的艱難寫作專案
成為單身母親後，
第一次帶女兒出遊
獲得一項重要新聞獎項
我的父親過世
確診乳癌（以及後續的手術與治療）
遇見我丈夫
養狗
現在

## 第三步

找出你的喜悅線中重複出現的主題，它們形成了貫穿全局的敘事。為了梳理這些主題，問你自己：

- 有哪些共同因素？
- 所有的高點背後有著何種感受或情緒？
- 爲什麼這些高點對你有意義？
- 所有的低點背後有著何種感受或情緒？
- 是什麼讓每一個高點或低點在你心中留下如此深刻的印象？
- 在這些高點或低點中，你做的（或沒做的）哪些行動是反覆出現的？
- 在你的高點或低點中，有哪些人參與／缺席？

以下是形成艾拉主要敘事的主題：

**高點的主題：**

- 有一種掌控感
- 成就
- 歸屬感
- 眞正的連結
- 創造力

**低點的主題：**

- 羞愧
- 沒有歸屬感
- 無助感／感覺被某個情勢、某個人或自己無法掌控的結果所碾壓
- 害怕爲自己發聲

當然，問題在於如何運用這些資訊。如果你想的話，你可以就此打住。光是清楚看見自己的主題，通常便足以產生頓悟時刻，促使人們邁出步伐，重新對齊那些讓自己感到充實的事物，並放下那些讓自己感到耗損的事物。他們會看清什麼是有意義的，什麼讓自己偏離方向，什麼是重要的，什麼是多餘的。你的喜悅線可以作為你對人生使命的概念性理解，也能在你偏離正軌時作為一記警鐘。

或者，你也可以繼續深入探索。如果你所產生的洞見能夠幫助你依照喜悅線來導航人生與工作，融入讓你感到喜悅的因素、避開對你有害的因素，那就太好了。但我們都知道，我們不可能總是只做有趣又充實的事，並逃避我們討厭的事。然而，我們可以辨識出自己的努力在哪些地方能產生最大的影響，以決定要在何處投入心力，以及在哪些方面需要尋求更多支持。

有了喜悅線作為羅盤，你可以有意識地運用你所學到的各種工具，不僅能創造更深的個人滿足感，也能提升專業影響力。例如：

- **委派任務調節器**是一項幫助你有效委派工作的工具；而喜悅線則是其搭檔，讓你決定該委派什麼任務。哪些待辦事項令你充滿活力，哪些則令你精疲力盡？哪些工作內容符合你的高點主題？哪些反而更符合你的低點，是否能委派給別人？

有時候，這項練習的結果可能會讓你大吃一驚。我的客户戴夫是跨國企業的營運長，多年來，大家都一直建議他將公司年度假期派對的籌劃工作委派給別人。這項任務總是在每年第四季耗費他大量精力，而他完全可以將這件事交給他的得力助手。不過，戴夫在完成喜悅線練習後發現，促進跨社群思想交流的機會是他喜悅的核心來源。他不想將全球高階主管的年度聚會交給別人籌辦，因爲它正好滿足了他的高點價值。意識到這點之後，使他能將這項活動的籌備視爲他「想做」的事，而不是冗長待辦清單上另一項「必須做」的事。相反地，戴夫選擇將夏季郊遊策畫工作委派給別人，因爲這對他的喜悅線主題而言，並沒有帶來同樣的滿足感。

- **時間投資組合**能幫助你分配時間，將效果最大化。當你運用喜悅線主題來思考，便能根據內心羅盤所指的方向來配置時間。例如，假設「開發新領域」是你的喜悅線高點，那你該如何安排你的時間投資組合，讓自己有更多時間進行業務開發？

喜悅線主題亦能爲那些你無法減少的任務增添活力，舉例來說，假設你和艾拉一樣，「眞誠的連結」是你的喜悅線核心價值。如果你的角色需要每天進行多場一對一會談，何不在每次會談的前幾分鐘培養你與部屬的個人連結感？至於那些腦中已經浮現「對啊，但這是在浪費時間」的閃電俠，我可以向你保證，問候對方孩子的近況、聊聊在惡劣天氣下的通勤經驗，或是聽聽他們對某件時事的看法，不會超過六十到一百二十秒。這絕不是浪費時間！

- **渴望追蹤器**能幫助你辨識導致你在某些情況下被觸發的潛在原因。許多人會發現自己可以將低點主題直接連結到內心未滿足的渴望。這有助於深入了解，在權力與壓力提升時，自己是如何與何時成爲複雜局面的共犯。

舉例來說，艾拉發現「沒有歸屬感」是她喜悅線的低點主題。這項練習才做了幾分鐘，她便將她的壞脾氣，與自願接下每個機會、以免錯過任何事的消耗性內在需求連結起來。當我們看見自己的模式如此一貫地浮現，既令人警醒，也能帶來力量。

正如心理學與正念練習所教導的，覺察我們的模式，便能讓我們看清楚它們，並在這種清明的視野之下，做出全新且更好的選擇。

- 當你爲任何工具進行**成本效益分析**時，問自己：如何運用這項工具以配合我的喜悅線主題？我能夠從中獲得什麼，以滋養我的高點主題？
- 使用**繪製地圖**工具讓你的團隊知道你的工作風格時，不妨考慮哪些喜悅線主題值得一提，讓他們知道什麼最能讓你感到快樂，以及什麼會讓你情緒低落。

正如作家亞當．格蘭特所寫的：「幸福並不是達成你的目標，而是讓你的目標與你的價值觀保持一致。」在此基礎上，我想補充一點：幸福會促進成功。如果你想要實現你所追求的成功，就必須調整你的行動，與那些讓你感到最有生命力的事物保持一致。

## 微習慣：喜悅線

設定一個每天響一次的鬧鈴，讓自己暫停片刻，記錄當下的感受。你是否充滿活力、感到滿足？還是沮喪？無聊？你正在進行的活動，與你的喜悅線高點或低點有什麼連結？就像看到前方有彎道時，我們會自動調整方向盤來調整路線，有些客戶告訴我，單單是留意當下的情緒，再跟他們的喜悅線主題連結起來，便幫助他們改變了行動的選擇。

## 第五部

# 維持上升軌跡

第15章

# 自我三六〇度評量以保持正軌

本書中的每項工具都有助你在持續向上發展的過程中，全面升級你的主管技能組。一如以往，你每達到一個新層級，都代表著新視野與新角色；隨之而來的，還有形成盲點的可能性，以及壓力防護欄在不知不覺中被磨損的新風險。這正是為什麼持續運用診斷工具來校正軌道是如此重要。

由於並非每個人都擁有教練可以進行我為客戶設計的三六〇度評量，以評估權力與壓力如何形成障礙（通常是在本人毫無察覺的情況下），這項診斷工具將幫助你評估自己的弱點或偏離軌道之處。

# 自我三六〇度評量：評估你的現狀和需改進之處

以下表格包含第三部與第四部談及的各種權力鴻溝與壓力陷阱，我在每一項中均列出線索，有助你偵察自己是否掉入那些鴻溝或陷阱。你在進行評量時，要根據你目前的真實情況為每一項評分，範圍是一到五分，一分是「極不同意」，五分是「極為同意」。你給出五分的項目，便是你最需要注意的地方。

## ※自我三六〇度評量

對於下列每句敘述，以五分制來表達你的回應，一分是極不同意，三分是中立，五分是極為同意。

| # | 問題 | 極不同意 | 不同意 | 中立 | 同意 | 極為同意 |
|---|---|---|---|---|---|---|
| **權力鴻溝：單一故事** | | | | | | |
| 1 | 你感到（或是過去一週感到）戒備心強或自以為是 | 1 | 2 | 3 | 4 | 5 |

| | | | | | | |
|---|---|---|---|---|---|---|
| 2 | 你不再好奇別人的點子或看法 | 1 | 2 | 3 | 4 | 5 |
| 3 | 團隊對你沉默以對，或者你不懂為何除了你之外，沒有人提出想法或解決方案 | 1 | 2 | 3 | 4 | 5 |
| **權力鴻溝：溝通斷層線—不均衡的回饋** | | | | | | |
| 6 | 你聽到員工抱怨自己不被重視 | 1 | 2 | 3 | 4 | 5 |
| 7 | 你提供的批評性回饋多過於正面回饋 | 1 | 2 | 3 | 4 | 5 |
| 8 | 你稱讚人們（例如「做得好」），卻未提及其工作成果帶來的影響 | 1 | 2 | 3 | 4 | 5 |
| **權力鴻溝：溝通斷層線—假設對方一無所知** | | | | | | |
| 9 | 你講話時，團隊沒有專心在聽 | 1 | 2 | 3 | 4 | 5 |
| 10 | 你單刀直入地提出批評性回饋，沒有先問員工對自身表現的看法 | 1 | 2 | 3 | 4 | 5 |
| 11 | 你在教導事情時會從最基本的地方著手，沒有先行評估他人已有的知識 | 1 | 2 | 3 | 4 | 5 |
| **權力鴻溝：溝通斷層線—聖人開示** | | | | | | |
| 12 | 你的團隊的工作成果與你的指示不一致 | 1 | 2 | 3 | 4 | 5 |

| | | | | | | |
|---|---|---|---|---|---|---|
| 13 | 你的團隊反覆要求你解釋你的意思 | 1 | 2 | 3 | 4 | 5 |
| 14 | 你使用行話術語或內部人士才懂的說法 | 1 | 2 | 3 | 4 | 5 |
| **權力鴻溝：溝通斷層線——口頭扼殺** | | | | | | |
| 15 | 你打斷別人或反駁他人以傳達自己的重點 | 1 | 2 | 3 | 4 | 5 |
| 16 | 你在會議上發言的時間最多 | 1 | 2 | 3 | 4 | 5 |
| 17 | 你一再、不斷、持續重複自己的話 | 1 | 2 | 3 | 4 | 5 |
| **權力鴻溝：溝通斷層線——過去經驗的分水嶺** | | | | | | |
| 18 | 你注意到你的團隊在你講話時眼神呆滯 | 1 | 2 | 3 | 4 | 5 |
| 19 | 你不只一次聽見團隊成員說：是的，我們以前就聽過那個故事 | 1 | 2 | 3 | 4 | 5 |
| **權力鴻溝：溝通斷層線——未說出的訊息** | | | | | | |
| 20 | 你的話語或期望遭到誤解 | 1 | 2 | 3 | 4 | 5 |
| 21 | 別人推測你的想法或感受，但不正確 | 1 | 2 | 3 | 4 | 5 |

| | | | | | | |
|---|---|---|---|---|---|---|
| **權力鴻溝：特例的迷思** | | | | | | |
| 22 | 你認為就你的績效而言，你理應獲得一定的自由空間 | 1 | 2 | 3 | 4 | 5 |
| 23 | 你用良好的意圖來為自己的不當行為開脫 | 1 | 2 | 3 | 4 | 5 |
| 24 | 你用「對啊，但是」來合理化自己的行為 | 1 | 2 | 3 | 4 | 5 |
| **壓力陷阱：未滿足的渴望** | | | | | | |
| 25 | 你沒有得到想要的成果，卻不明白原因 | 1 | 2 | 3 | 4 | 5 |
| 26 | 你對日常事物的反應超過客觀而言合理的程度 | 1 | 2 | 3 | 4 | 5 |
| 27 | 同事的行為令你感到被輕視、冒犯或威脅 | 1 | 2 | 3 | 4 | 5 |
| 28 | 你認為你需要證明自己的存在意義或重要性 | 1 | 2 | 3 | 4 | 5 |
| **壓力陷阱：唯一提供者陷阱** | | | | | | |
| 29 | 你的團隊十分依賴你給出答案及意見 | 1 | 2 | 3 | 4 | 5 |

| | | | | | | |
|---|---|---|---|---|---|---|
| 30 | 你接手別人的工作（而且用崇高故事來解釋你這麼做的理由） | 1 | 2 | 3 | 4 | 5 |
| 31 | 你的工作量過大 | 1 | 2 | 3 | 4 | 5 |
| 32 | 除了你之外，沒有人提出意見或解決方案 | 1 | 2 | 3 | 4 | 5 |
| **壓力陷阱：深陷瑣事之中** | | | | | | |
| 33 | 你的待辦事項清單總是很長 | 1 | 2 | 3 | 4 | 5 |
| 34 | 你感覺無法逃離龐大的工作量 | 1 | 2 | 3 | 4 | 5 |
| 35 | 你有許多大型專案似乎永遠無法著手處理 | 1 | 2 | 3 | 4 | 5 |
| 36 | 你沒有時間或精力進行策略性思考 | 1 | 2 | 3 | 4 | 5 |
| **壓力陷阱：超級英雄症候群** | | | | | | |
| 37 | 你答應每一項機會或要求 | 1 | 2 | 3 | 4 | 5 |
| 38 | 你身心俱疲 | 1 | 2 | 3 | 4 | 5 |
| 39 | 你沒有騰出時間來照顧自己 | 1 | 2 | 3 | 4 | 5 |

| 壓力陷阱：迷失方向 | | | | | | |
|---|---|---|---|---|---|---|
| 40 | 你在工作上沒有成就感或不快樂 | 1 | 2 | 3 | 4 | 5 |
| 41 | 你無法在工作中找到使命感或意義感 | 1 | 2 | 3 | 4 | 5 |
| 42 | 你心想著「這就是一切了嗎？」 | 1 | 2 | 3 | 4 | 5 |

現在你已經完成了屬於你自己的三六〇度自我評估，請統計所有你評為五分的項目，這些正是你最需要關注的權力鴻溝與壓力陷阱。請參考先前討論的內容，並設定計畫，運用對應的工具以避開那些地雷區。

長期成功的竅門在於不只做一次評量，而是要定期進行。我建議每六個月便重新檢視一次，檢查你的現況與需要調整的領域。學習不是一次性的任務。為了持續成長，你必須努力不懈地找出盲點，調節你面對壓力時的情緒反應。你必須持續自我診斷那些可能阻礙你的因素，並全心投入運用這些工具，然後要持之以恆，彷彿你的成功便維繫於此。

因為確實是如此。

# 結語

你拿起這本書，是因為想要提升自己在職涯裡作為主管的技能。沒想到吧？你在這裡學到的內容，亦能對你的個人生活產生巨大影響。管理是一種技能組合，不僅能提升工作團隊的生產力和福祉，還能豐富我們在家庭、人際關係、家族、擔任委員會主委或志工等角色中的個人生活。這些年來，許多我合作過的人都告訴我，運用這些工具後，他們的婚姻關係得到改善，與朋友和家人之間更為和諧，且他們在擔任委員會主委或社群成員時表現得更有效率。

你在本書中所讀到的每項診斷與工具，均能以無數方式應用。舉例而言：

- 將「對啊，但是」改爲「對啊，而且」。例如，「對啊，但是」你的伴侶總是將髒襪子扔在浴室地板上，或許可以改成：「對啊，而且」他總是確保我的車輛登記和檢驗都是最新的。

- 假如你因爲一個惹怒你的鄰居，導致自己陷入單一故事，不妨尋找多重意義，擴大你的視角，並思考除了你絕對的看法之外，他們或許還有其他狀況。
- 感覺被個人待辦清單壓得喘不過氣，彷彿你永遠沒有足夠時間做自己想做的事？使用時間投資組合，記錄你如何分配非工作時間，並運用相同步驟，將不勝負荷轉變爲充滿活力的狀態。
- 如果你是家中唯一負責制定與執行計畫的人，因而感到挫折，不妨再次確認唯一提供者陷阱與自我三六〇度評量，診斷自己是否可能於無意間訓練家人依賴你，而非自己承擔責任。
- 在主持委員會的時候，如果你發現自己陷入你堅信唯有你才能做好的任務細節，請參考委派任務調節器，將部分任務轉交給他人，並讓你們雙方都能高升成功。
- 感到情緒低落，卻不明白原因？喜悅線工具有助你繪製個人高點／低點的矩陣，以追蹤你投入時間的地方，並重新校正至帶給你喜悅與熱情的事物。

最棒的地方來了：我們越是升級工作上的技能，就越能在工作日之外感到覺醒、有力量——反之亦然。我們成為更好的主管、更好的配偶及伴侶、更好的父母，以及更好的社群公民。當我們清楚看見自己和未來的道路、鼓舞他人，並在周遭世界產生深遠影響，無論是我們在專業上還是個人生活中的經驗，都會變得更加豐富。

畢竟，這不正是你一開始想要成為主管的原因嗎？

# 謝辭

創作從來不是一個人的戰鬥。第一次寫書，我衷心感謝許多作家、編輯、研究人員、思想夥伴、家人與朋友。

十多年前，我的丈夫Matthew說：「你坐擁三六〇度評量資料庫的金礦，你應該寫一本書。」感謝Matthew，你埋下了種子，並持續給予我慷慨的支持、點子、回饋，以及你「捲起袖子全力協助莎賓娜」的陪伴。

萬分感謝Debra Goldstein，你是非凡的合作夥伴。你讓書頁變得清晰，督促我們打磨概念，直到我們真正了解其意義。無論我的寫作旅程將帶我走向何方，我都會永遠記得你對我說：「如果書頁上寫得不清楚，那就是你自己心裡也不清楚。」

感謝Jen Marshall在「讓一本書問世」的各種事務上提供的專業指導，也感謝我的傑出經紀人Laura Nolan，你堅定地為我爭取機會，提供清晰願景，協助轉譯與解決沿路上的許多繁瑣步驟。Laura的想法、創意和清晰思維，讓我很慶幸有她作為後盾。Stephanie Frerich，謝謝你信任我的專業，你的創意、編輯與作伴，是大多數新手作家夢寐以求的。感謝Simon & Schuster的優秀團隊，特別是Brittany Adames。感謝英國Penguin Random House的Geraldine Collard，感謝你用心的建議，讓這本書得以與英國的讀者見面。感謝Suzanne Rothmeyer，那場令人瞠目結舌、長達十一小時的拍攝，以及你在事前的準備與後續的跟進。也謝謝Candid Goat團隊——Becky Sue Wehry、Cindy Cowherd和Kendra Cagle——為我的網站和品牌所做的全新改造。

Lisa Phelps Dawes幫助我成為更好的寫作者，儘管我想我永遠無法達到她那種睿智的文字風格。Lisa，感謝你給予我鼓勵，在我想到愚蠢點子時直言不諱地勸退我，並成為「對啊，而且」的典範。你的技能與專業精神，協助我將我的工作——包括讓一本書誕生所需的一切工作——提升到下一個層次。

感謝我在《哈佛商業評論》（*Harvard Business Review*）的編輯Courtney Cashman，在這本書概念成形的初期，多次與我討論並提供寶貴建議。Marcia Zina Mager協助我克服那些攔阻我動筆的深層恐懼與悲觀情緒。Erin Brenner、Maris和Amy Jameson協助我在初期階段草擬書籍提案。Sarah Drumm為本書提案蒐集了大量研究資料，協助我整理了無數的三六〇度評量報告，還有許多其他重要工作，我十分珍惜你的專業精神與工作品質。Kathleen Kenney分析了數千頁逐字稿，以驗證訪談中的主題一致性。Heather Hunt亦協助我完成數十份訪談報告，參與數十次腦力激盪會議，審閱提案與書中部分內容。最重要的是，她已成為我的朋友，每當我需要她的智慧及專業時，她都不遺餘力地幫助我。除了你作為編輯所展現的眾多才華，你給予我的最大饋贈是你的信任。特別感謝David Moldawer，你鋒利的文筆與你對核心訊息的敏銳掌握，讓我在完成書籍提案最終版本時受益匪淺。謝謝Elana Brief、Tim Dawes和Graham Bullen，你們的貢獻讓本書更為出色，也讓我能透過讀者視角來認識這本書。

深深感謝我的父母Jehanara Nawaz與Huzur Nawaz，為我提供非凡的教育與機會。我的兒子Zaref與Ziven是我生命中的誠實之聲，總是讓我在走出門前，先照一照他們所舉起的那面鏡子。我的公婆Jim和Audrey Anderson，永遠對我最新的工作充滿好奇；感謝你們的支持、愛與寶貴建議。

我已故的兄弟Ahmad Nawaz和已故的妹婿Eric Anderson，以他們出版的書作為啟發，鼓勵我也寫下自己的作品。我已故的摯友Edree Allen Agbro，花了無數夜晚協助我構思，並在我漫長的通勤路上陪我通話解悶。還有兩位雖無血緣卻同樣深植我心的人，我會永遠記得Jalil——一位住在我們大樓裡、幫忙做家務的長者，毫不懷疑我成功克服一切挑戰的能力，以及Egbert Bhatty，他閱讀並評論我寫的每一篇文章，不僅對我寫書的能力深信不疑，甚至篤定這會是一本好書。如果你們還在這裡，我希望你們會說你們以我為榮。

感謝Andrew Feldmar，你的智慧、愛、支持與教誨讓我為自己挺身而出，成為自己王國中的女王。

我的生活之所以充滿豐盛，有一大部分來自於那些朋友，他們用言語、慷慨的行動與支持來鼓勵我。雖然人數眾多，無法一一列名，但你們知道我說的是誰。我特別感謝下列人士在我寫作旅程途中的支持：感謝你們，Arianna Dagnino、Asli Aker、Beth Kahn、Carla Forester、Caron McLane、Elana Brief、Gillian Donavan、Graham Bullen、Jane Gregg、Jill Hufnagel、Karen Parrish、Kelleen Wiseman、Kristen Lane、Lisa Phelps Dawes、Michele Ng、Molly Carr、Ruchira Dasgupta、Sanjukta Pal、Suze Woolf、Tim Dawes，以及Valerie Galvin。

和這些朋友一樣珍貴的，還有作家與思想領袖們，他們選擇鼓勵我、指導我，並為我的作品加油。感謝Whitney Johnson多年來一直敦促我寫這本書，也感謝Dorie Clark、Rita Gunther McGrath、Kim Scott、Arianna Huffington、Peter Block、Barry Oshry與Kevin Kruse。

這本書是關於主管的，要是我沒提到自己曾有幸遇到這麼多出色的主管，那就是我的疏忽了：Nathan Williams、Bob McBreen、Blake Irving、Tom Reeve、Mike Mathieu、Barbara Grant以及Liz Welch。同樣感謝那些信任我作為他們主管的人，感謝你們在我帶領的團隊中努力付出。

最後，萬分感謝我的客戶們。你們每天所展現的勇氣——做出艱難決策、面對批評、透過三六〇度評量尋求回饋、堅持不懈、放手一搏並帶領團隊成長——令我感到敬佩。我無比感激你們的信任、開放的對話、故事與想法，這些都是本書的重要養分。我從各位身上學到許多，並深受啟發。同樣感謝所有接受我訪談、為我客戶提供回饋的人——你們願意分享想法（尤其是批評性回饋），讓我的客戶與我能夠真正做好這份工作。

# 參考資料


## 第1章

*What Got You Here Won't Get You There: How Successful People Become More Successful*, by Marshall Goldsmith (Hachette Books, 2007)

▪ 重新定義成功

https://hbswk.hbs.edu/item/the-best-ceos-share-the-spotlight-with-their-teams

https://www.mckinsey.com/capabilities/people-and-organizational-performance/our-insights/givers-take-all-the-hidden-dimension-of-corporate-culture

https://link.springer.com/article/10.1007/s10551-022-05228-5

▪ 了解隱藏的權力動態

*The Practice of Adaptive Leadership: Tools and Tactics for Changing Your Organization and the World*, by Ronald A. Heifetz, Marty Linsky, and Alexander Grashow (Harvard Business Press, 2009)

▪ 適應聚光燈

*If I Understood You, Would I Have This Look on My Face? My Adventures in the Art and Science of Communicating*, by Alan Alda (Random House, 2017)

## 第2章

▪ 薩蒂亞・納德拉

https://news.microsoft.com/source/features/innovation/empathy-innovation-accessibility/#:~:text=%E2%80%9CMy%20personal%20philosophy%20and%20my,something%20Rene%20Brandel%20experienced%20firsthand

▪ 同理心

https://www.catalyst.org/reports/empathy-work-strategy-crisis

▪ 「對呀，但是」

https://www.pwc.com/ee/et/publications/pub/sb87_17208_Are_CEOs_Less_Ethical_Than_in_the_Past.pdf

▪ 誠信

*The Five Invitations: Discovering What Death Can Teach Us About Living Fully*, by Frank Ostaseski (Flatiron Books, 2017)

*Act Like a Leader, Think Like a Leader*, by Herminia Ibarra (Harvard Business Review Press, 2015)

https://ozanvarol.com/the-downside-of-grit/

## 第3章

*Storycraft: How to Teach Narrative Writing*, by Martin Griffin and Jon Mayhew (Crown House Pub Ltd., 2019)

## 第4章

▪ 杏仁核劫持

https://news.illinois.edu/view/6367/670955, https://www.forbes.com/sites/tracybrower/2021/09/19/empathy-is-the-most-important-leadership-skill-according-to-research/?sh=318b8f3f3dc5

*Emotional Intelligence: Why It Can Matter More Than IQ*, by Daniel Goleman (Bantam, 2006)

https://onlinelibrary.wiley.com/doi/abs/10.1002/job.2289

https://www.linkedin.com/pulse/costs-amygdala-hijacked-leaders-jens-hartmann-ph-d-dozent/

## 第5章

▪ 成本效益分析

"Change or Die," by Alan Deutschman, *Fast Company*, May 1, 2005. https://www.fastcompany.com/52717/change-or-die

https://charlesduhigg.com/the-power-of-habit/

*Immunity to Change: How to Overcome It and Unlock the Potential in Yourself and the Organization*, by Robert Kegan and Lisa Laskow Lahey (Harvard Business Press, 2009)

*The Practice of Adaptive Leadership: Tools and Tactics for Changing Your Organization and the World*, by Ronald A. Heifetz, Marty Linsky, and Alexander Grashow (Harvard Business Press, 2009)

- **微習慣**

https://health.clevelandclinic.org/why-people-diet-lose-weight-and-gain-it-all-back

https://ideas.ted.com/heres-how-i-finally-got-myself-to-start-exercising/

*The 5 Second Rule: Transform Your Life, Work, and Confidence with Everyday Courage*, by Mel Robbins (Savio Republic, 2017)

https://community.thriveglobal.com/microsteps-big-idea-too-small-to-fail-healthy-habits-willpower/

- **肯定清單**

https://www.apa.org/news/press/releases/2015/10/progress-goals

https://www.huffpost.com/entry/the-power-of-writing-down_b_12002348

*Zen Mind, Beginner's Mind: Informal Talks on Zen Meditation and Practice*, by Shunryu Suzuki (Shambhala, 2006)

*The No Asshole Rule: Building a Civilized Workplace and Surviving One That Isn't*, by Robert I. Sutton (Business Plus, 2007)


## 第7章


- **不均衡的回饋**

https://www.gottman.com/blog/the-magic-relationship-ratio-according-science/

https://zengerfolkman.com/articles/the-vital-role-of-positive-feedback-as-a-leadership-strength/

https://www.fastcompany.com/90724596/this-is-what-happens-to-your-brain-when-you-give-and-receive-compliments

- **假設對方一無所知**

Shame vs. Guilt—Brene Brown (brenebrown.com)

https://onlinelibrary.wiley.com/doi/abs/10.1002/job.2553

https://www.ncbi.nlm.nih.gov/pmc/articles/PMC8526793/

https://www.researchgate.net/publication/363296145_Shame_Does_It_Fit_in_the_Workplace_Examining_Supervisor_Negative_Feedback_Effect_on_Task_Performance

- **閉嘴肌肉**

https://www.psychologytoday.com/us/blog/play-your-way-sane/202108/were-worse-listening-we-realize

https://www.ncbi.nlm.nih.gov/pmc/articles/PMC7075496/

https://marshallgoldsmith.com/articles/adding-too-much-value/

- **聖人開示**

*Made to Stick: Why Some Ideas Survive and Others Die*, by Chip Heath and Dan Heath (Random House, 2007)

https://www.journals.uchicago.edu/doi/abs/10.1086/261651 (curse of knowledge)

- **過去經驗的分水嶺**

https://www.forbes.com/sites/carolinecenizalevine/2021/06/23/new-survey-shows-the-business-benefit-of-feeling-heard--5-ways-to-build-inclusive-teams/?sh=6be967ec5f0c

*The Empathy Effect: 7 Neuroscience-Based Keys for Transforming the Way We Live, Love, Work, and Connect Across Differences*, by Helen Reiss, MD (SoundsTrue, 2018)

## 第8章

https://hbr.org/2019/04/the-psychology-behind-unethical-behavior

- **徵詢回饋**

https://focus.kornferry.com/ the-organisational-x-factor-learning-agility/

## 第四部

- **皮質醇與壓力的影響**

https://emeraldpsychiatry.com/is-there-a-connection-between-stress-hormones-and-thinking-ability/#:~:text=The%20Brain%2C%20Cortisol%20&%20Stress:,not%20fully%20backed%20by%20data.

https://www.ncbi.nlm.nih.gov/pmc/articles/PMC5619133/

- **工作記憶工具**

https://www.ncbi.nlm.nih.gov/pmc/articles/PMC6596227/#:~:text=We%20demonstrate%20that%20goal%2Ddirected,neural%20substrate%20of%20fear%20learning

https://www.ncbi.nlm.nih.gov/pmc/articles/PMC4207727/

- **深呼吸**

https://resbiotic.com/blogs/news/breath-and-mind-hrv-amygdala-and-how-to-improve-your-mental-state

- **安心穩步練習**

Mindfulness：The 5-4-3-2-1 method by Dr. Ellen Hendriksen (mastic-lifestyle.com)

## 第10章

*The Origins of You: How Breaking Family Patterns Can Liberate the Way We Live and Love*, by Vienna Pharaon (G. P. Putnam’s Sons, 2023)

*Immunity to Change: How to Overcome It and Unlock the Potential in Yourself and the Organization*, by Robert Kegan and Lisa Laskow Lahey (Harvard Business Press, 2009)

## 第11章

- **照護者**

https://karpmandramatriangle.com/

- **閃電俠**

*Managing at the Speed of Change: How Resilient Managers Succeed and Prosper Where Others Fail*, by Daryl R. Connor (Random House, 1993)

## 第12章

- **空白空間**

https://www.scientificamerican.com/article/mental-downtime/

https://www.huffpost.com/entry/silence-brain-benefits_n_56d83967e4b0000de4037004

https://www.researchgate.net/publication/259110014_Is_silence_golden_Effects_of_auditory_stimuli_and_their_absence_on_adult_hippocampal_neurogenesis

“The Making of the Corporate Athlete,” by Jim Loehr and Tony Schwartz, *Harvard Business Review*, January 2001

## 第14章

- **喜悅線**

https://www.threads.net/@adamgrant/post/C17Ska6rGpM

## 作者簡介

### 莎賓娜・納瓦茲 Sabina Nawaz

前微軟人力資源資深總監，直接向比爾・蓋茲和史蒂芬・鮑默提供建議。現為頂尖的高階主管教練，專門為執行長、最高層主管與團隊提供顧問服務，擁有二十五年經驗，在超過三十個國家工作，客戶包括《財星》五百大企業、政府機關、非營利組織，以及全球各地的學術機構。

她在微軟任職長達十四年，最初從事軟體開發，後來轉而領導微軟的高階主管發展與接班計畫，期間推動多項全球性計畫，為公司內一萬一千位主管設計了從頭到尾的完整培訓課程，致力於發掘與培養當前及未來的領導者。

身為備受歡迎的演講家與教練，她每年發表數十場專題演講、研討會，包括TEDx。她的文章刊登於《哈佛商業評論》、《華爾街日報》、《富比士》、《Inc.》、《快公司》。

# 譯者簡介

## 蕭美惠

畢業於國立政治大學英語系，從事新聞及翻譯二十餘年，曾獲吳舜文新聞深度報導獎和經濟部中小企業處金書獎。譯作包括《看穿生死，好好告別》、《上位思維》、《影響力領導》、《我不餓，但我就是想吃》、《最佳狀態》、《用數據讓客人買不停》、《鬆綁你的焦慮習慣》等數十本。

BIG 466

# 當上主管，難道只能被討厭？：執行長教練教你兼顧績效與人氣的帶人技術


作　者—莎賓娜．納瓦茲（Sabina Nawaz）
譯　者—蕭美惠
副總編輯—陳家仁
副 主 編—黃凱怡
校對協力—曹凱婷
行銷企劃—洪晟庭
封面設計—Dinner Illustration
內頁設計—李宜芝

總 編 輯—胡金倫
董 事 長—趙政岷
出 版 者—時報文化出版企業股份有限公司
108019 台北市和平西路三段 240 號 4 樓
發行專線—(02)2306-6842
讀者服務專線—0800-231-705・(02)2304-7103
讀者服務傳真—(02)2304-6858
郵撥—19344724 時報文化出版公司
信箱—10899 臺北華江橋郵局第 99 信箱
時報悅讀網—http://www.readingtimes.com.tw
法律顧問—理律法律事務所 陳長文律師、李念祖律師
印　刷—勁達印刷有限公司
初版一刷—二〇二五年七月十八日
定　價—新台幣四八〇元
（缺頁或破損的書，請寄回更換）

時報文化出版公司成立於一九七五年，
並於一九九九年股票上櫃公開發行，於二〇〇八年脫離中時集團非屬旺中，
以「尊重智慧與創意的文化事業」為信念。

當上主管，難道只能被討厭？：執行長教練教你兼顧績效與人氣的帶人技術 / 莎賓娜 . 納瓦茲 (Sabina Nawaz) 作 ; 蕭美惠譯 . -- 初版 . -- 臺北市 : 時報文化出版企業股份有限公司 , 2025.07
352 面 ; 14.8 x 21 公分 . -- (Big ; 466)
譯自 : You're the boss : become the manager you want to be (and others need)
ISBN 978-626-419-567-6( 平裝 )

1. 領導者 2. 組織管理 3. 職場成功法

494.2　　114006852





ISBN 978-626-419-567-6
Printed in Taiwan